U0263657

"十四五"时期国家重点出版物出版专项规划项目

第二次青藏高原综合科学考察研究丛书

青藏高原
风能资源与开发潜力

朱 蓉 孙朝阳 闫宇平 等 著

科学出版社

北 京

内 容 简 介

本书是"第二次青藏高原综合科学考察研究"的成果之一。通过分析实测数据和数值模拟技术，本书揭示青藏高原风能资源丰富的主要原因，给出西藏和青海各地的风能资源技术的开发量，为青藏高原清洁能源发展远景规划提供科学依据。

本书可供气候、地理、清洁能源、电力等专业的科研、教学等相关人员参考使用。

审图号：GS京（2023）0795号

图书在版编目（CIP）数据

青藏高原风能资源与开发潜力 / 朱蓉等著. —北京：科学出版社，2023.11

（第二次青藏高原综合科学考察研究丛书）

"十四五"时期国家重点出版物出版专项规划项目

ISBN 978-7-03-076978-7

Ⅰ.①青… Ⅱ.①朱… Ⅲ.①青藏高原-风力能源-能源开发-研究 Ⅳ.①TK81

中国国家版本馆CIP数据核字（2023）第219600号

责任编辑：郭勉勉 李嘉佳 / 责任校对：郝甜甜
责任印制：赵 博 / 封面设计：吴霞暖

科学出版社 出版
北京东黄城根北街 16 号
邮政编码：100717
http://www.sciencep.com
北京建宏印刷有限公司印刷
科学出版社发行 各地新华书店经销

*

2023年11月第 一 版 开本：787×1092 1/16
2024年 7月第二次印刷 印张：14 3/4
字数：350 000

定价：228.00元

"第二次青藏高原综合科学考察研究丛书"
指导委员会

刘丛强　中国科学院地球化学研究所

龚健雅　武汉大学

焦念志　厦门大学

赖远明　中国科学院西北生态环境资源研究院

胡春宏　中国水利水电科学研究院

郭正堂　中国科学院地质与地球物理研究所

王会军　南京信息工程大学

周成虎　中国科学院地理科学与资源研究所

吴立新　中国海洋大学

夏　军　武汉大学

陈大可　自然资源部第二海洋研究所

张人禾　复旦大学

杨经绥　南京大学

邵明安　中国科学院地理科学与资源研究所

侯增谦　国家自然科学基金委员会

吴丰昌　中国环境科学研究院

孙和平　中国科学院精密测量科学与技术创新研究院

于贵瑞　中国科学院地理科学与资源研究所

王　赤　中国科学院国家空间科学中心

肖文交　中国科学院新疆生态与地理研究所

朱永官　中国科学院城市环境研究所

《青藏高原风能资源与开发潜力》
编写委员会

第二次青藏高原综合科学考察队

风能开发利用现状及远景评价科考分队

人员名单

姓名	职务	工作单位
朱 蓉	分队长	国家气候中心
孙朝阳	联系人	国家气候中心
闫宇平	队员	国家气候中心
向 洋	队员	国家气候中心
常 蕊	队员	国家气候中心
梅 梅	队员	国家气候中心
吴 佳	队员	国家气候中心
王东阡	队员	国家气候中心
王 荣	队员	国家气候中心

丛 书 序 一

　　青藏高原是地球上最年轻、海拔最高、面积最大的高原，西起帕米尔高原和兴都库什、东到横断山脉，北起昆仑山和祁连山、南至喜马拉雅山区，高原面海拔 4500 米上下，是地球上最独特的地质 – 地理单元，是开展地球演化、圈层相互作用及人地关系研究的天然实验室。

　　鉴于青藏高原区位的特殊性和重要性，新中国成立以来，在我国重大科技规划中，青藏高原持续被列为重点关注区域。《1956—1967 年科学技术发展远景规划》《1963—1972 年科学技术发展规划》《1978—1985 年全国科学技术发展规划纲要》等规划中都列入针对青藏高原的相关任务。1971 年，周恩来总理主持召开全国科学技术工作会议，制订了基础研究八年科技发展规划（1972—1980 年），青藏高原科学考察是五个核心内容之一，从而拉开了第一次大规模青藏高原综合科学考察研究的序幕。经过近 20 年的不懈努力，第一次青藏综合科考全面完成了 250 多万平方千米的考察，产出了近 100 部专著和论文集，成果荣获了 1987 年国家自然科学奖一等奖，在推动区域经济建设和社会发展、巩固国防边防和国家西部大开发战略的实施中发挥了不可替代的作用。

　　自第一次青藏综合科考开展以来的近 50 年，青藏高原自然与社会环境发生了重大变化，气候变暖幅度是同期全球平均值的两倍，青藏高原生态环境和水循环格局发生了显著变化，如冰川退缩、冻土退化、冰湖溃决、冰崩、草地退化、泥石流频发，严重影响了人类生存环境和经济社会的发展。青藏高原还是"一带一路"环境变化的核心驱动区，将对"一带一路"沿线 20 多个国家和 30 多亿人口的生存与发展带来影响。

　　2017 年 8 月 19 日，第二次青藏高原综合科学考察研究启动，习近平总书记发来贺信，指出"青藏高原是世界屋脊、亚洲水塔，是地球第三极，是我国重要的生态安全屏障、战略资源储备基地，是中华民族特色文化的重要保护地"，要求第二次青藏高原综合科学考察研究要"聚焦水、生态、人类活动，着力解决青藏高原资源环境承载力、灾害风险、绿色发展途径等方面的问题，为守护好世界上最后一方净土、建设美丽的青藏高原作出新贡献，让青藏高原各族群众生活更加幸福安康"。习近平总书记的贺信传达了党中央对青藏高原可持续发展和建设国家生态保护屏障的战略方针。

第二次青藏综合科考将围绕青藏高原地球系统变化及其影响这一关键科学问题，开展西风–季风协同作用及其影响、亚洲水塔动态变化与影响、生态系统与生态安全、生态安全屏障功能与优化体系、生物多样性保护与可持续利用、人类活动与生存环境安全、高原生长与演化、资源能源现状与远景评估、地质环境与灾害、区域绿色发展途径等 10 大科学问题的研究，以服务国家战略需求和区域可持续发展。

"第二次青藏高原综合科学考察研究丛书"将系统展示科考成果，从多角度综合反映过去 50 年来青藏高原环境变化的过程、机制及其对人类社会的影响。相信第二次青藏综合科考将继续发扬老一辈科学家艰苦奋斗、团结奋进、勇攀高峰的精神，不忘初心，砥砺前行，为守护好世界上最后一方净土、建设美丽的青藏高原作出新的更大贡献！

孙鸿烈

第一次青藏科考队队长

丛书序二

　　青藏高原及其周边山地作为地球第三极矗立在北半球，同南极和北极一样既是全球变化的发动机，又是全球变化的放大器。2000年前人们就认识到青藏高原北缘昆仑山的重要性，公元18世纪人们就发现珠穆朗玛峰的存在，19世纪以来，人们对青藏高原的科考水平不断从一个高度推向另一个高度。随着人类远足能力的不断加强，逐梦三极的科考日益频繁。虽然青藏高原科考长期以来一直在通过不同的方式在不同的地区进行着，但对于整个青藏高原的综合科考迄今只有两次。第一次是20世纪70年代开始的第一次青藏科考。这次科考在地学与生物学等科学领域取得了一系列重大成果，奠定了青藏高原科学研究的基础，为推动社会发展、国防安全和西部大开发提供了重要科学依据。第二次是刚刚开始的第二次青藏科考。第二次青藏科考最初是从区域发展和国家需求层面提出来的，后来成为科学家的共同行动。中国科学院的A类先导专项率先支持启动了第二次青藏科考。刚刚启动的国家专项支持，使得第二次青藏科考有了广度和深度的提升。

　　习近平总书记高度关怀第二次青藏科考，在2017年8月19日第二次青藏科考启动之际，专门给科考队发来贺信，作出重要指示，以高屋建瓴的战略胸怀和俯瞰全球的国际视野，深刻阐述了青藏高原环境变化研究的重要性，要求第二次青藏科考队聚焦水、生态、人类活动，揭示青藏高原环境变化机理，为生态屏障优化和亚洲水塔安全、美丽青藏高原建设作出贡献。殷切期望广大科考人员发扬老一辈科学家艰苦奋斗、团结奋进、勇攀高峰的精神，为守护好世界上最后一方净土顽强拼搏。这充分体现了习近平生态文明思想和绿色发展理念，是第二次青藏科考的基本遵循。

　　第二次青藏科考的目标是阐明过去环境变化规律，预估未来变化与影响，服务区域经济社会高质量发展，引领国际青藏高原研究，促进全球生态环境保护。为此，第二次青藏科考组织了10大任务和 60 多个专题，在亚洲水塔区、喜马拉雅区、横断山高山峡谷区、祁连山 - 阿尔金区、天山 - 帕米尔区等 5 大综合考察研究区的 19 个关键区，开展综合科学考察研究，强化野外观测研究体系布局、科考数据集成、新技术融合和灾害预警体系建设，产出科学考察研究报告、国际科学前沿文章、服务国家需求评估和咨询报告、科学传播产品四大体系的科考成果。

两次青藏综合科考有其相同的地方。表现在两次科考都具有学科齐全的特点，两次科考都有全国不同部门科学家广泛参与，两次科考都是国家专项支持。两次青藏综合科考也有其不同的地方。第一，两次科考的目标不一样：第一次科考是以科学发现为目标；第二次科考是以摸清变化和影响为目标。第二，两次科考的基础不一样：第一次青藏科考时青藏高原交通整体落后、技术手段普遍缺乏；第二次青藏科考时青藏高原交通四通八达，新技术、新手段、新方法日新月异。第三，两次科考的理念不一样：第一次科考的理念是不同学科考察研究的平行推进；第二次科考的理念是实现多学科交叉与融合和地球系统多圈层作用考察研究新突破。

"第二次青藏高原综合科学考察研究丛书"是第二次青藏科考成果四大产出体系的重要组成部分，是系统阐述青藏高原环境变化过程与机理、评估环境变化影响、提出科学应对方案的综合文库。希望丛书的出版能全方位展示青藏高原科学考察研究的新成果和地球系统科学研究的新进展，能为推动青藏高原环境保护和可持续发展、推进国家生态文明建设、促进全球生态环境保护做出应有的贡献。

姚檀栋
第二次青藏科考队队长

序

　　低碳排放发展转型战略是国家总体长期发展目标和战略的重要组成部分，实施低碳转型是统筹中国社会经济可持续发展与全球应对气候变化协同共赢的战略部署。2020 年 9 月，国家主席习近平在第七十五届联合国大会一般性辩论上宣布，中国"二氧化碳排放力争于 2030 年前达到峰值，努力争取 2060 年前实现碳中和"，这是党中央、国务院统筹国内国际两个大局做出的重大战略决策，是推动国内经济高质量发展和生态文明建设的有力抓手，也为国际社会全面有效落实《巴黎协定》注入了强大动力。2021 年，《中共中央国务院关于完整准确全面贯彻新发展理念做好碳达峰碳中和工作的意见》指出，到 2030 年，风电、太阳能发电总装机容量达到 12 亿千瓦以上；到 2060 年，绿色低碳循环发展的经济体系和清洁低碳安全高效的能源体系全面建立。

　　青藏高原是地球第三极，风能、太阳能、水能和地热能资源丰富，是我国重要的生态安全屏障和战略资源储备基地。《西藏自治区国民经济和社会发展第十四个五年规划和二〇三五年远景目标纲要》提出："形成以清洁能源为主、油气和其他新能源互补的综合能源体系。""藏东清洁能源开发区加快完善流域规划布局，推动雅鲁藏布江、金沙江、澜沧江等流域水风光综合开发，快速推动藏电外送规模化发展，建设国家重要的清洁能源接续基地"。《中共青海省委关于制定国民经济和社会发展第十四个五年规划和二〇三五年远景目标的建议》提出："建成国家清洁能源示范省，发展光伏、风电、光热、地热等新能源，建设多能互补清能源示范基地，促进更多实现就地就近消纳转化。"但是目前，还缺少对青藏高原风能资源特性的认识和精细化评估；缺少高海拔风电场建设与安全运行的实践经验；更需要研究保障青藏高原生态、气候和环境可持续发展的风电发展策略。

　　为此，"第二次青藏高原综合科学考察研究"专门设立了"清洁能源现状与远景评价"专题，目的就是贯彻习近平总书记在 2014 年

6 月中央财经领导小组第六次会议上的重要讲话精神，面对能源供需格局新变化、国际能源发展新趋势，保障国家能源安全，推动能源生产和消费革命，着力发展非煤能源，形成煤、油、气、核、新能源、可再生能源多轮驱动的能源供应体系。开展青藏高原水能、地热能、太阳能和风能资源精细化评估，为改善青藏高原能源消费结构、开发利用清洁能源提供科学依据。青藏高原由于海拔高、空气密度低，一直以来被认为是：虽然风速大，但不具有能量。因此，2012 年完成的"全国风能资源详查和评价"工作成果中，没有包括青藏高原海拔 3500m 以上的地区。本次科考成果填补了青藏高原风能资源评估的空白。

科考分队全体队员不畏艰辛，在青藏高原地区实地考察了典型地形风场和风电开发利用现状，并在不同风能资源特性区开展了声雷达外场观测实验，获取了地面至 200m 高度范围内的第一手风特性观测资料。这次科考研究发现青藏高原风能资源开发潜力大且品质较高，并获取了西藏和青海各地市级行政区的风能资源技术开发量及分布，可应用于高原风电场的宏观选址，对我国高海拔风电开发有推动作用。科考分队通过对风能资源特性的观测实验研究，系统分析了青藏高原风资源时空变化规律，揭示了青藏高原风能资源的形成机制，为进一步开展青藏高原生态、气候和环境可持续发展前提下的风电开发战略研究提供了科学支撑。

该书的出版对清洁能源领域的技术人员和青年学生有重要的学习和参考意义。

中国工程院院士
2023 年 4 月

前　　言

　　青藏高原地域辽阔，生态环境脆弱，气候千差万别，缺煤、少油、无气，但青藏高原具有丰富的水能、地热能、太阳能和风能。对青藏高原清洁能源进行精细化评估，可以为不远的将来在青藏高原上开发利用清洁能源提供科学依据，促进和改善当地能源消费结构，对于积极推进青藏高原生态安全屏障建设具有十分重要的意义。"第二次青藏高原综合科学考察研究"任务八"资源能源现状与远景评价"专题四"清洁能源现状与远景评价"之风能开发利用现状及远景评价的研究目标是要认清青藏高原风能资源分布及其湍流特性和变化特征，提出青藏高原地区风能资源开发利用的科学建议。

　　本书分为 7 章，主要内容如下。

　　第 1 章主要介绍风能资源科考的目标及内容、青藏高原地形地貌和基本气候特征，以及青藏高原风电开发现状与发展规划。主笔人为闫宇平、刘玮、朱蓉。

　　第 2 章主要介绍本书采用的资料与方法，包括观测资料与分析方法、风能资源数值模拟评估方法、风能资源特性和开发潜力评估方法、风能资源长期变化评估方法和青藏高原气候背景风场资料及分析方法。主笔人为朱蓉、常蕊、向洋、吴佳。

　　第 3 章主要介绍青藏高原风能资源的气候特征，包括大尺度背景风场气候特征、地面风速时空变化的气候特征、地面至 300m 高度的风环境特征和风能资源气候特征。主笔人为朱蓉、向洋、常蕊、闫宇平、孙朝阳、梅梅、龚强、徐红、马鹏飞、次旺顿珠、高佳佳、易侃。

　　第 4 章主要介绍青藏高原风能资源的数值模拟分析，包括青藏高原风能资源的时空分布特征、形成机制和气候变化特征。主笔人为朱蓉、孙朝阳、吴佳、闫宇平、向洋。

　　第 5 章主要介绍青藏高原风能资源开发潜力，包括青藏高原风能资源总体开发潜力以及西藏自治区和青海省各地市的风能资源开发潜力。主笔人为朱蓉、孙朝阳。

第6章主要介绍影响青藏高原风能资源开发利用的气象风险，包括大风、沙尘暴、低温和雷暴。主笔人为郭英香、汪青春、叶冬、常蕊、朱西德、王荣。

第7章结论与建议，总结青藏高原风能资源分布及储量和青藏高原风能资源特性及形成机理，并展望青藏高原风能资源开发利用前景。主笔人为朱蓉。

科考日志主笔人为朱蓉、闫宇平、孙朝阳。

全书由朱蓉、闫宇平统稿。

"第二次青藏高原综合科学考察研究"之风能资源科学考察，通过开展声雷达外场观测实验，结合常规地面和探空气象观测资料以及中国气象局全国风能资源专业观测网的测风数据分析，揭示青藏高原典型地区风能资源特性；同时采用高分辨率风能数值模拟，制作精细化的青藏高原风能资源图谱，摸清青藏高原风能资源分布及其开发潜力；通过观测与数值模拟相结合的研究，认清青藏高原风能资源形成机理，证明青藏高原风能资源丰富这一科学认知。

本书是"第二次青藏高原综合科学考察研究"任务八"资源能源现状与远景评价"专题四"清洁能源现状与远景评价"的研究成果。青海省气候中心、西藏自治区气候中心、沈阳区域气候中心、中国电建集团西北勘测设计研究院有限公司、中国长江三峡集团有限公司科学技术研究院和北京瑞科同创能源科技有限公司为本专题的研究和本书的编写做出了卓有成效的贡献，在此表示诚挚的感谢！

《青藏高原风能资源与开发潜力》编写委员会

2023 年 4 月

摘　　要

2012年完成的全国风能资源详查和评价工作没有对海拔3500m以上的风能资源进行评估。因此，在"第二次青藏高原综合科学考察"任务启动之前，人们对青藏高原风能资源的认识不足。青藏高原是中国三个"大风区"之一，西藏那曲市和阿里地区的年平均大风日数超过200天。但是，青藏高原具有海拔高、空气密度低的特点，其风能资源一直以来被认为是"有气无力"。青藏高原的风能是否属于"有气无力"？是否毫无开发价值？在当前中国加速发展清洁能源的形势下，迫切需要给出一个科学的答案。

风能开发利用现状及远景评价科考分队在分析常规地面和探空气象资料以及中国气象局全国风能资源专业观测网的测风塔观测资料的基础上，开展了纳木错、山南市措美县哲古、珠穆朗玛峰和阿里地区日土县共4个典型地形的风特性声雷达观测实验以及青藏高原风能资源精细化数值模拟和风能资源技术开发量评估。研究发现：青藏高原风能资源非常丰富，100m高度、年平均风功率密度≥400W/m² 的风能资源技术开发总量为10.2亿kW，占全国100m高度风能资源技术开发总量的26%。其中，西藏自治区风能资源技术开发量占59%，达6亿kW；青海省占20%，达2亿kW。在青藏高原100m高度的10.2亿kW风能资源技术开发量中，非常丰富和丰富等级的风能资源技术开发量占比达63%，说明青藏高原风能资源品质较高。

青藏高原风能资源最显著的特点是风速的日变化特征，其风速日变化规律与中国其他地区不同；而且风速变化快、变化幅度大。青藏高原上既有大起伏的高山和极高山，也有开阔的宽谷和湖盆，山谷风环流较平原地区强盛，导致风速显著的日变化特征。青藏高原的很多山峰上常年积雪，冬季积雪面积更大，从而导致青藏高原大部分地区具有午后至前半夜风速大、后半夜至次日上午风速小的日变化特征，以及冬季风能资源远比夏季更丰富的特征。在青藏高原上建设清洁能源基地时，需根据风电和光电下午达到最大

出力、而后半夜几乎没有出力的情况，合理配备储能，保证电网的安全运行。

山谷风环流与天气尺度背景风场叠加产生加强效应，是形成青藏高原丰富的风能资源的根本原因。青藏高原的气压场及相应的流场具有冬、夏两种基本相反的形式，青藏高原上大起伏的高山和极高山的地形动力和热力效应比低海拔山地要强很多，因此，季风气候和主要山脉走向决定了青藏高原的风能资源特性。

在认识青藏高原风能资源特性的基础上，因地制宜、多种形式利用风能资源，可以成为发展清洁能源电力的一个发展方向。青藏高原风能资源基本可以分为两类：一类是开阔湖盆和宽谷地区的风能资源，可以考虑以建设风电场的形式成规模地利用；另一类是河谷或沟谷地带，尤其是有村镇分布的河谷或沟谷，可以考虑采用小型风力发电机的分散利用形式。此外，如何在保障青藏高原生态和气候环境可持续发展的同时科学合理地开发风能资源是我国即将面临的挑战。只有从科学上认识了风能资源开发利用的生态、气候和环境影响机制，才能进一步从科学技术和战略政策方面开展减缓和适应研究，最终建立一系列的生态、气候和环境友好型青藏高原风电开发的战略发展规划、青藏高原风能资源高效利用技术、生态和气候环境效应评估技术等，实现青藏高原可再生能源与生态文明建设可持续发展。

目　　录

第 1 章

引　言

2008～2012 年，中国气象局在国家发展和改革委员会、财政部的专项支持下，开展了第四次全国风能资源详查和评价。结果得到全国陆地 70m 和 100m 高度上的风能资源技术开发量分别为 26 亿 kW 和 39 亿 kW，其中不包括青藏高原海拔 3500m 以上的地区（中国气象局，2014）。当时没有预想到未来清洁能源电力将成为主力电源，而青藏高原风能资源评估和高海拔风电开发在技术上都面临更大挑战，所以，对青藏高原海拔 3500m 以上区域就没有进行评估。因此，在"第二次青藏高原综合科学考察研究"任务启动之前，人们对青藏高原风能资源的认识是不足的。

青藏高原是中国三个"大风区"之一。1960～2020 年的地面气象站历史观测资料统计的大风日数（地面风速超过 17m/s）结果表明，西藏自治区那曲市安多县和色尼区、阿里地区噶尔县狮泉河镇和改则县的年平均大风日数分别为 284 天、211 天、231 天和 219 天；青海省玉树藏族自治州（简称玉树州）曲麻莱县五道梁镇的年平均大风日数为 177 天。青藏高原具有海拔高、空气密度低的特点，其风能资源一直以来被认为是"有气无力"。西藏自治区安多县和色尼区以及青海省五道梁镇的年平均空气密度均为 0.74kg/m³，而世界上最大的风电基地甘肃省酒泉市，其海拔平均约 1250m，年平均空气密度约 1.05kg/m³。因此，青藏高原在其空气密度为甘肃省酒泉市的 70%、年大风日数多为 100 天以上的条件下，风能是否属于"有气无力"？是否毫无开发价值？在当前中国力争于 2030 年前二氧化碳排放达到峰值和 2060 年前实现碳中和目标、加速发展清洁能源的形势下，迫切需要给出一个科学的答案。

1.1　风能资源科考的目标及内容

"第二次青藏高原综合科学考察研究"之风能资源科考的目标为弄清青藏高原风能资源分布、风能资源特性及其形成机制；提出青藏高原地区风能资源开发利用可持续发展的建议。风能资源科考内容包括：

（1）开展青藏高原 300m 高度以下风能资源特性研究。通过收集历史气象观测资料和外场观测实验，认识青藏高原风能资源特性，并研究青藏高原风能资源的形成机制。

（2）开展青藏高原风能资源精细化评估，包括绘制高分辨率青藏高原风能资源谱图；评估青藏高原所属各省区以及地市级的风能资源技术开发量；在此基础上提出青藏高原地区风能资源开发利用可持续发展的建议。

（3）汇交科考数据，包括风能资源分布图谱（1km×1km，30 年平均）；风能资源变化规律图谱（9km×9km，10 年逐月）；青藏高原可利用风能资源分布图谱（1km×1km，30 年平均）；典型地形风特性声雷达观测数据集（3 个观测点，3 个月逐小时）。

1.2　青藏高原地形地貌和基本气候特征

青藏高原中国境内部分位于 26°00′12″N～39°46′50″N，73°18′52″E～104°46′59″E，

西部为帕米尔高原和喀喇昆仑山，东及东北部与秦岭山脉西段和黄土高原相接，北至昆仑山、阿尔金山和祁连山，南抵喜马拉雅山，东西长约 2945km，南北宽达 1532km，包括西藏和青海两省区全部，以及四川、云南、甘肃和新疆四省区部分地区，总面积约 257 万 km² (张镱锂等，2002)。青藏高原高山大川密布，地形复杂，大部分地区海拔超过 4000m，地势呈现出由西北向东南倾斜的趋势，可以分为藏北高原、藏南谷地、柴达木盆地、祁连山地、青海高原和川藏高山峡谷区六部分。青藏高原的主要山脉有东西或近东西走向、由北而南依次排列的阿尔金山、祁连山、昆仑山、喀喇昆仑山、唐古拉山、冈底斯山、念青唐古拉山、喜马拉雅山及西北—东南或南北纵列走向的横断山脉。

青藏高原位于我国中东部天气系统的上游地区，横跨寒带干旱高原气候区、热带亚热带湿润气候区等 10 个气候区，为东亚、东南亚和南亚许多大河流发源地，被称为“亚洲水塔”，在气候系统稳定、水资源安全、生物多样性保护、碳收支平衡等诸多方面具有重要作用。同时，青藏高原也是全球气候变暖幅度最大和未来气候变化影响最不确定的地区之一。总体而言，青藏高原气温较低，冬季受西风急流控制，风大而干燥；夏季受西南季风影响，降水增多；气温日较差和年较差大，太阳辐射与日照充足，积温少，并且为世界年雹日数最多（那曲、理塘一带年雹日数达 20 天或 30 天以上）、多雹区范围最大的地区。青藏高原各地年均气温由东南部的 20℃ 以上递降至西北部的 –6℃ 以下，年降水量也相应地由 2000mm 以上递减至 50mm 以下（宋善允和王鹏祥，2013；孙鸿烈，2000）。

青藏高原是我国气候变暖最快的区域。1961 ～ 2020 年，青藏高原年平均气温呈显著上升趋势，升温趋势为每 10 年 0.35℃，超过同期全球增温速率（0.16℃ /10a）的 2 倍，其中藏北高原和柴达木盆地升温超过每 10 年 0.40℃，藏东南地区和川西高原地区升温速率相对较小，介于每 10 年 0.1 ～ 0.3℃。同时，青藏高原也是我国气候变湿最为显著的区域之一。1961 ～ 2020 年，青藏高原年降水量呈显著增多趋势，平均每 10 年增加 7.9mm。特别是 2016 ～ 2020 年，青藏高原地区降水量持续异常偏多，平均降水量达 539.6mm，较 1961 ～ 1990 年平均值（478.6mm）增加了 12.7%。三江源等地变湿最为显著，年降水量平均每 10 年增加 5 ～ 20mm；青藏高原西北部和藏东南地区降水量增加幅度相对较小，而甘南和滇西北地区降水量则表现为减少趋势。

在气候暖湿化背景下，近 40 年，青藏高原大部分地区极端高温事件和极端降水事件发生频次显著增加，暴雨、暴雪、冰雹、雷电和大风等气象灾害增多，泥石流、滑坡、崩塌、冰湖溃决等衍生灾害加剧，对下游居民生产生活和基础设施造成了重大的威胁和影响（宋善允和王鹏祥，2013；边多等，2019；中国气象局气候变化中心，2020）。

青藏高原是地球上中低纬度地区最大的冰川作用中心。冰川覆盖面积占全国冰川总面积的 80% 以上，约 4.5 万 km²，过去 50 年间，青藏高原及其相邻地区的冰川面积退缩了 15%[①]。现代冰川主要集中在念青唐古拉山、喜马拉雅山中段、西昆仑山、喀喇

———————————

① 生态系统趋好 潜在风险增加——第二次青藏高原科考首期成果发布．

昆仑山和祁连山等地。雪线高度位于海拔4500～6200m，大致东部低、西部高，南部低、北部高。

青藏高原分布着世界中低纬地区面积最大、范围最广的多年冻土区，占中国冻土面积的70%，约126万km²，过去50年间冻土面积减少了16%①。其中青南-藏北冻土区又是整个高原分布最为广泛的区域，约占青藏高原冻土区总面积的57.1%。除多年冻土外，在海拔较低区域内还分布有季节性冻土。

在高原的部分干燥的宽谷及湖盆内常见风蚀作用形成的流动沙丘与戈壁滩；许多石灰岩山地有古代的或近代的喀斯特地貌（溶洞、石芽、峰林、孤峰、石墙等）；昆仑山一带有4处火山群，有火山锥、方山及熔岩平原等火山地貌。

青藏高原的河流分布主要受到气候和自身地形地势的影响。除东南部降水丰富外，内陆区的河流补给，主要依靠冰川或积雪的融化。区域内祁连山—巴颜喀拉山—念青唐古拉山—冈底斯山是内外水系分界线，将青藏高原的河流分为外流水系与内流水系两部分。外流水系主要位于高原东部及东南部，主要靠雨水补给，流域宽广，河流径流量大，如注入太平洋的黄河、长江，以及注入印度洋的西南水系如雅鲁藏布江、怒江等。内流水系大多位于高原西北部，多以冰雪融水补给，径流量较小，流程较短，季节性变化明显，间歇性河流多；内流水系大多注入盆地或洼地，因此形成了数量众多的咸水湖泊，如著名的青海湖、察尔汗盐湖、鄂陵湖、纳木错等。

青藏高原湖泊广布，其中，面积在1km²以上的湖泊数量为1424个，总面积超过50000km²，约占我国湖泊总面积的57%（Liu et al., 2021）。

青藏高原是中国湿地分布最广、面积最大的区域。1990年，青藏高原湿地面积约为13.45万km²。1990～2006年，青藏高原湿地呈现出持续退化状态，以每年0.13%的速度减少，总面积减少了约3000km²。2006年以来，在湿地保护与自然因素综合作用下，湿地退化态势总体上得到遏制，湿地面积明显回升。至2011年，仅西藏自治区和青海省湿地面积已达14.67万km²①。近年来，随着保护力度的加大，湿地生态系统进一步好转（孙鸿烈等，2000）。

高寒草地是青藏高原最主要的生态系统类型，发挥着重要的生态安全屏障功能，也是高原畜牧业的基础①。20世纪80年代中期以后，随着退牧还草、草原生态保护补助奖励政策以及草原鼠虫害防治等一系列草地生态保护建设工程的陆续实施，青藏高原草地覆盖度和净初级生产力总体呈增加态势，草地覆盖度增加的区域约占草地总面积的47%，净初级生产力明显增加的面积达32%以上。

青藏高原森林主要分布在滇西北、藏东南、川西、甘南和青海东部地区①。1950年以来，森林资源在面积、蓄积、类型及空间分布格局等方面均发生了显著变化。2016年第九次全国森林资源清查结果显示，西藏林地面积达1798.19万hm²，森林面积1490.99万hm²，森林覆盖率12.14%，活立木总蓄积23.05亿m³。与2011年第八次全国森林资源清查结果相比，林地与森林面积分别增加14.75万hm²和19.87万hm²，森林覆盖率

___
① 中华人民共和国国务院新闻办公室.青藏高原生态文明建设状况.

提高 0.16 个百分点，森林蓄积量增加 2047 万 m³，实现了森林面积和蓄积"双增"。

青藏高原多条大江大河流经高山峡谷，蕴藏着丰富的水能资源。西藏自治区水能资源技术可开发量为 1.74 亿 kW，位居全国第一，近年来建成了多布、金河、直孔等中型水电站，截至 2017 年底，全区水电装机容量达到 177 万 kW，占全区总装机容量的 56.54%。青海省水能资源技术可开发量为 2400 万 kW，建成了龙羊峡、拉西瓦、李家峡等一批大型水电工程，截至 2016 年底，青海省水电装机容量达 1192 万 kW。四川省甘孜藏族自治州（简称甘孜州）和阿坝藏族羌族自治州（简称阿坝州）水能技术可开发量约 5663 万 kW，已建成水电总装机容量达 1708 万 kW①。

青藏高原光照和地热资源充足。青藏高原是世界上太阳能最丰富的地区之一，年太阳总辐射量高达 5400～8000MJ/m²，比同纬度低海拔地区高 50%～100%，年日照总时数 2500～3200h。青海省在柴达木盆地实施数个百万千瓦级光伏电站群建设工程，打造国际最大规模的光伏电站。截至 2016 年底，青海光伏发电装机容量达 682 万 kW。2014 年，西藏自治区被国家列为不受光伏发电建设规模限制的地区，优先支持西藏自治区开发光伏发电项目。到 2017 年底，西藏自治区光伏发电装机容量达 79 万 kW。四川省甘孜州和阿坝州太阳能可开发量超过 2000 万 kW，已建成投产 35 万 kW 光伏电站①②（孙鸿烈，2000；中国气象局气候变化中心，2020；边多等，2019）。

青藏高原又是中国强烈的地热区，特别是在青藏高原南部喜马拉雅山一带水热爆炸、间歇喷泉、沸泉及温泉广泛分布，蕴藏有丰富的地热能资源。

1.3 青藏高原风电开发现状与发展规划

1.3.1 西藏自治区风电开发现状与发展规划

1. 开发现状

西藏自治区并网风电项目开发始于 2012 年，位于那曲市色尼区龙源西藏那曲高海拔试验风电场，平均海拔超过 4700m，采用 5 台单机容量 1.5MW 的高海拔试验风力发电机组，总装机容量 7.5MW，于 2013 年 11 月并网试运行。龙源那曲风电场并网发电创造了多项纪录——实现了西藏自治区风电项目零的突破，填补了全国最后一个省份的风电开发空白，创造了世界风电项目最高海拔纪录。那曲风电场的投运，对全国乃至全世界"高海拔、低风速"风电开发建设起到积极引领示范作用。但是，之后西藏自治区风电发展进入了较长时间的停滞期。主要原因包括：

（1）寒冷气候、昼夜温差大、高海拔空气密度低、高原风向紊乱和高原湍流等特

---

① 中华人民共和国国务院新闻办公室 . 青藏高原生态文明建设状况 .
② 生态系统趋好 潜在风险增加——第二次青藏高原科考首期成果发布 .

殊环境影响，对兆瓦级并网风电机组的散热效率、防冻措施、偏航系统等方面的可靠性提出了更高要求。但是，我国风电技术以平原为主，对超高海拔、寒冷气候地区的技术支撑不足。

（2）西藏自治区风能资源较丰富区域往往交通运输不便、气候恶劣，造成项目建设和运维困难大、成本高；而同时期的光伏发电建设成本不断下降、施工相对简单、技术逐渐成熟且可靠性良好，其迅速取代了风电并得到大力发展。

（3）西藏自治区电网设施基础薄弱，调峰调频能力较弱，对风电的波动性接纳能力较差；另外地区电力消纳能力有限。

截至 2020 年底，西藏自治区电网总装机容量 4234.7MW，其中，水电装机 2250MW，光伏装机 1500MW，风电装机 7.5MW。全区全年风电发电量仅约 0.1 亿 kW·h，但是风电发电对解决藏北那曲的缺电问题发挥着重要作用，也是西藏未来发展绿色能源的重要规划蓝图。

此外，西藏山南市措美县哲古分散式风电场首批机组于 2021 年 12 月并网发电，成为目前世界海拔最高的风电项目。该风电场总装机容量 22MW，采用 5 台单机容量 2.2MW 的直驱机组和 5 台单机容量 2.2MW 的双馈机组，填补了国内和国际超高海拔风电开发领域的空白。作为国家超高海拔风电科研示范项目，该风场为类似区域大规模风电开发提供研究成果和工程借鉴，将助力我国超高海拔水风光多能互补基地的建设。

2. 发展规划

根据《西藏自治区国民经济和社会发展第十四个五年规划和二〇三五年远景目标纲要》的建议，要加快清洁能源规模化开发，形成以清洁能源为主、油气和其他新能源互补的综合能源体系，2025 年建成国家清洁可再生能源利用示范区。科学开发光伏、地热、风电、光热等新能源，加快推进"光伏＋储能"研究和试点，大力推动"水风光互补"，推动清洁能源开发利用和电气化走在全国前列。

根据西藏自治区风电发展现状，全区风电发展规划需要首先做好资源勘查工作，其次研发适用于本地区高寒气候条件的大容量风电机组技术；再结合区域开发建设条件，风电项目围绕水电站周围建设，实施"水风光互补"发展模式。

1.3.2　青海省风电开发现状与发展规划

1. 开发现状

青海省并网风电项目开发始于 2010 年，位于海南藏族自治州（简称海南州）共和县沙珠玉风电场，平均海拔约 3000m，采用 4 台单机容量 1.5MW 和 4 台单机容量 2MW 的高原试验风力发电机组，总装机容量 14MW，于 2011 年 9 月并网投运。经过 10 余年的技术探索与发展，截至 2020 年底，青海省风电累计并网装机容量达 843 万 kW，最大吊装单机容量达 3MW，为我国高海拔、寒冷地区风力发电开发、建设、运行探索了一条成熟的技术路线。

根据国家能源局历年发布的风电并网运行数据统计，青海省 2011～2020 年风电累计并网装机容量见图 1.1。可以看出，自 2013 年开始规模化建设以来，青海省风电得到了快速发展。首先，在陆上风电标杆上网电价大幅"退坡"政策影响下，2017 年"抢装"大发展后，全省风电累计并网装机容量迈入百万千瓦规模。其次，在国家促进可再生能源发展的一系列支持政策以及逐步成熟的高寒地区风力发电技术的"双驱动"下，全省每年新增装机容量均在百万千瓦以上。特别是在全国平价上网政策影响下，2020 年又经历了一次更大规模的"抢装潮"，全年新增并网装机容量达 381 万 kW。全省风电开发建设主要围绕海南州、海西蒙古族藏族自治州（简称海西州）两个千万千瓦级可再生能源基地布局。

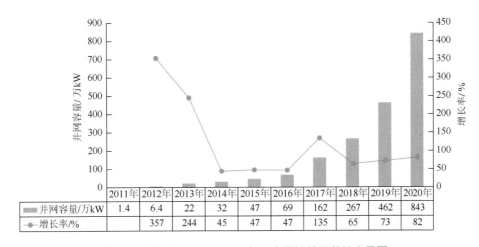

	2011年	2012年	2013年	2014年	2015年	2016年	2017年	2018年	2019年	2020年
并网容量/万kW	1.4	6.4	22	32	47	69	162	267	462	843
增长率/%		357	244	45	47	47	135	65	73	82

图 1.1 青海省 2011～2020 年风电累计并网装机容量图

根据国网青海省电力公司统计信息，截至 2020 年底，青海电网总装机容量 4030 万 kW，清洁能源发电装机容量占全省电源装机容量的 90.3%，其中太阳能装机 1601 万 kW，水电装机 1193 万 kW，风电装机 843 万 kW，风电成为省内第三大电源。全年风电发电量占全省电力总发电量的 8.6%，在电力系统中发挥着重要作用，提前完成了青海省"十三五"能源发展目标。

2. 发展规划

根据青海省人民政府、国家能源局印发的《青海打造国家清洁能源产业高地行动方案（2021—2030 年）》，明确"到 2030 年，国家清洁能源产业高地基本建成，零碳电力系统基本建成"，为"如期实现碳达峰、碳中和目标作出'青海贡献'"。该方案规划，截至 2025 年，青海省风电累计并网装机容量达 1650 万 kW，年平均增长率 14.4%，包括风电在内的清洁能源装机占比达 96%；截至 2030 年，风电累计并网装机容量达 3000 万 kW，年平均增长率 12.7%，包括风电在内的清洁能源装机占比达

100%。

　　结合青海省风能资源分布与开发建设条件，风电发展主要围绕海西州茫崖市、大柴旦行政区、都兰县，海南州共和县、贵南县，海北藏族自治州（简称海北州）刚察县等地区，按照"规划引领，统筹发展"的基本原则，实施源网荷储一体化、多能互补发展模式。

第 2 章

资料与方法

2.1 观测资料与分析方法

2.1.1 地面气象观测资料

选取青藏高原地区近 30 年（1991～2020 年）时段内无缺测，且受周边环境影响较小的 22 个基准气候站或基本气象站（图 2.1 中深蓝色站点和安多气象站）及西藏自治区山南市浪卡子气象站（山南地区观测环境最好站点），共计 23 个代表气象站的 10m 高度风速观测资料作为研究基础，该资料质量可靠，符合世界气象组织（World Meteorological Organization，WMO）全球观测系统规范和中国气象局地面气象观测技术规范（Jiang et al.，2010），观测资料由国家气象信息中心提供。

图 2.1　青藏高原地区地面气象站分布及其观测环境评分

深蓝色为评分超过 90 分的站点，即本研究选取的受周边环境影响小的站点；*代表第四次全国风能资源详查和评价工作所选定的参证气象站（中国气象局，2014）

考虑到观测站风速的局地性较强，受台站位置处的地形地貌特征影响大。这里首先综合考虑图 2.1 中蓝色气象站所在位置的地形地貌和区域气候特征，将上述气象观测站划分为 9 种典型类型，包括那曲北部郊区和五道梁－沱沱河高海拔草原、海西州中西部戈壁、青海湖周边郊区草原、海北州北部祁连山南麓草原、山南地区高山、阿里西南部郊区，以及玉树东南部和果洛东南部城镇等（表 2.1）。

表 2.1　青藏高原 9 种典型类型的气象观测站基本信息

典型类型	区域名称	气象观测站	观测站位置	观测站海拔 /m
类型 I	那曲北部	班戈	郊区	4700
		安多	郊区	4800
类型 II	五道梁 - 沱沱河	五道梁	草原	4610
		沱沱河	草原	4530
类型 III	海西州中西部	冷湖	戈壁	2770
		茫崖	戈壁	2950
		小灶火	乡村	2770
类型 IV	青海湖周边	茶卡	草原	3090
		刚察	集镇	3300
类型 V	海北州北部	托勒	草原	3370
		野牛沟	草原	3310
		祁连	集镇	2790
类型 VI	山南地区	浪卡子	高山	4432
类型 VII	阿里西南部	狮泉河	郊区	4280
类型 VIII	玉树东南部	杂多	集镇	4066
		曲麻莱	集镇	4180
		囊谦	城镇	3640
类型 IX	果洛东南部	久治	集镇	3630
		达日	城镇	3970
		玛沁	城镇	3720

2.1.2　探空气象观测资料

青藏高原有 L 波段无线电雷达探空气象站 16 个，其中青海省 7 个、西藏自治区 5 个、四川省 3 个、甘肃省 1 个。L 波段无线电雷达探空气象站于每日北京时间 8 时和 20 时释放球载电子探空仪，每秒钟可获得一组风向、风速、温度、湿度和位势高度探测数据，探测高度可达 30km。通常情况下，在 300m 高度范围内可获得 50 ～ 60 组探测数据。探空球的上升速度为 5 ～ 6m/s，上升过程中水平方向上会随风飘移，按照地面至 300m 高度范围内水平方向平均风速 6 ～ 8m/s 计算，飘移距离不超过 500m。因此，基于秒级探空气象资料分析得到的平均风速垂直分布不能直接用于风力发电量测算，但可以代表风能开发的风环境特征。

采用 2014 ～ 2018 年青藏高原的 16 个探空站每日 8 时和 20 时探空数据，针对风力发电的特点对观测数据进行如下筛选：第一，不考虑对于风力发电没有意义的小风天气，绝大多数的风力机启动风速为轮毂高度风速 3m/s，因此剔除地面至 300m 高度范围内最大风速小于 3m/s 的整组探空数据；第二，暂不研究出现概率较低的超低空急流现象，因此剔除 300m 高度以下风速超过 40m/s 的整组探空数据；第三，为了使不同区域之间风环境特征有更好的可比性，不考虑降水天气过程的影响，剔除对应地面观测记录中有降水的整组探空数据。

为了重点关注 300m 高度范围内探空曲线的总体特点，需要忽略小尺度湍流造成的数据跳跃，同时又不影响探空曲线的变化规律，经过大量的检验分析，本书确定了局部去跳点的数据质量控制方法，求取每个观测点的前后 9 点风速标准差，剔除风速标准差大于 2.5 倍总平均标准差的观测数据，再用上下层数据进行线性插补。具体步骤如下：

（1）从第 7 个高度点开始至 350m 高度，逐点求取 9 点风速平均值，其中包括本高度点、下方 4 个点和上方 4 个点，即 $\bar{V}_{9i} = \left(\sum_{j=i-4}^{i-1} V_j + V_i + \sum_{j=i+1}^{i+4} V_j \right) / 9$。

（2）求每个高度点的风速标准差：$\sigma_i^2 = \left(V_i - \bar{V}_{9i} \right)^2$。

（3）求第 7 个高度点至 350m 内所有点的 σ 平均值：$\bar{\sigma} = \sqrt{\frac{1}{n} \sum_{i=1}^{n} \sigma_i^2}$。

（4）剔除风速偏差大于 $2.5\bar{\sigma}$ 的数据，即 $\sigma_i - 2.5\bar{\sigma} > 0$，然后用上下层风速做线性插补。

（5）将插补好的风速序列再重复（1）～（4）步骤，直到所有高度点的风速都满足风速偏差不超过 $2.5\bar{\sigma}$ 为止。

随着城市化的发展，青藏高原上大多数气象站虽然不在城市中，但也受到了周边陆续矗立起来的建筑物影响。通过对观测数据统计发现，受到局地湍流影响，60m 高度以下风速和风向均出现快速变化的现象，因此不考虑 60m 高度以下的探空数据。经过质量控制以后，数据量超过 500 时次的有 12 个站，如图 2.2 中的红色标记，这 12 个探空气象站的观测资料就作为研究青藏高原低空风场气候特征的基础数据。

2.1.3 测风塔测风资料

2008 ～ 2012 年中国气象局在国家发展和改革委员会和财政部"全国风能资源详查和评价"专项的支持下，建设了覆盖全国的风能资源专业观测网，采用规范、统一的标准进行观测运行。观测网拥有 400 座测风塔，其中青藏高原上有 16 座塔，包括 3 座 100m 塔和 13 座 70m 塔，覆盖藏北高原东部、柴达木盆地、祁连山地和青海高原区域（中国气象局，2014）。位于云南丽江白沙的测风塔，紧靠青藏高原边界线，因此，该测风塔测风数据也被采用，代表川藏高山峡谷区的风能资源特性。17 座测风塔的位置如图 2.3 所示，观测配置见表 2.2。

图 2.2　青藏高原 12 个探空气象站的分布

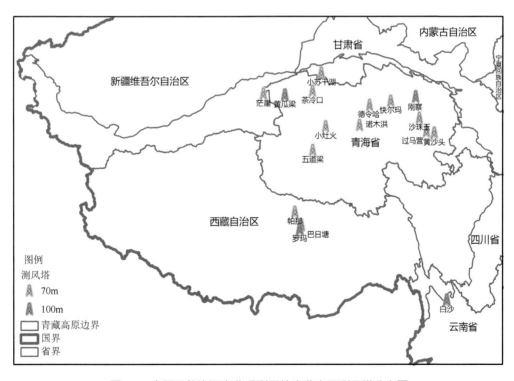

图 2.3　全国风能资源专业观测网的青藏高原测风塔分布图

表 2.2　全国风能资源专业观测网的青藏高原测风塔设置一览表

测风塔	所属地区	塔高/m	海拔/m	经度/(°E)	纬度/(°N)	风速层次/m	风向层次/m	温湿度层次/m	气压层次/m
茫崖	茫崖市	70	3028	90.14	38.18	10,30,50,70	10,50,70	10,70	8.5
黄瓜梁	茫崖市	100	2745	91.54	38.06	10,30,50,70,100	10,50,70,100	10,70	8.5
茶冷口	茫崖市	70	2761	93.40	38.15	10,30,50,70	10,50,70	10,70	8.5
小灶火	格尔木市	70	2784	94.07	36.34	10,30,50,70	10,50,70	10,70	8.5
诺木洪	海西州都兰县	70	2841	96.25	36.23	10,30,50,70	10,50,70	10,70	8.5
德令哈	德令哈市	70	2906	97.07	37.15	10,30,50,70	10,50,70	10,70	8.5
快尔玛	海西州天峻县	70	3480	98.49	37.22	10,30,50,70	10,50,70	10,70	8.5
刚察	海北州刚察县	100	3373	100.10	37.19	10,30,50,70,100	10,50,70,100	10,70	8.5
沙珠玉	海南州共和县	70	3003	100.23	36.17	10,30,50,70	10,50,70	10,70	8.5
过马营	海南州贵南县	70	3325	100.56	35.45	10,30,50,70	10,50,70	10,70	8.5
黄沙头	海南州贵南县	70	3349	101.04	35.32	10,30,50,70	10,50,70	10,70	8.5
五道梁	玉树州曲麻莱县	70	4622	93.10	35.22	10,30,50,70	10,50,70	10,70	8.5
帕那	那曲市安多县	70	4660	91.70	32.23	10,30,50,70	10,50,70	10,70	8.5
巴日塘	那曲市色尼区	70	4545	92.03	31.54	10,30,50,70	10,50,70	10,70	8.5
罗玛	那曲市色尼区	100	4531	91.92	31.35	10,30,50,70,100	10,50,70,100	10,70	8.5
小苏干湖	酒泉市阿克塞哈萨克族自治县	70	2481	94.10	39.01	10,30,50,70	10,50,70	10,70	8.5
白沙	丽江市	100	2550	100.24	26.98	10,30,50,70,100	10,50,70,100	10,70	8.5

　　有效数据完整率大于 90% 的测风塔数据才被用于对风能参数的统计计算（表 2.3），因此，青海黄沙头、五道梁和西藏帕那测风塔数据不被采用。被采用的 14 座测风塔分别代表青藏高原的 5 个地区，测风塔小苏干湖、茫崖、黄瓜梁、茶冷口、小灶火、诺木洪和德令哈代表柴达木盆地；测风塔快尔玛和刚察代表青海湖周边；测风塔沙珠玉和过马营代表共和盆地；测风塔巴日塘和罗玛代表藏北高原东部；测风塔白沙代表横断山区。

表 2.3　全国风能资源专业观测网的青藏高原测风塔测风数据一览表　　（单位：%）

测风塔	资料使用时段 （年 - 月～年 - 月）	有效数据完整率				
		10m	30m	50m	70m	100m
茫崖	2010-01 ～ 2010-12	90.05	90.05	93.16	93.16	
黄瓜梁	2010-01 ～ 2010-12	99.88	99.95	99.95	99.95	99.95
茶冷口	2009-10 ～ 2010-09	100.00	100.00	100.00	100.00	
小灶火	2010-01 ～ 2010-12	91.11	91.11	91.11	91.11	
诺木洪	2010-01 ～ 2010-12	94.67	94.67	94.67	94.67	
德令哈	2009-10 ～ 2010-09	99.90	99.90	99.90	99.90	
快尔玛	2010-01 ～ 2010-12	100.00	100.00	100.00	100.00	
刚察	2010-01 ～ 2010-12	100.00	100.00	100.00	100.00	100.00
沙珠玉	2010-01 ～ 2010-12	100.00	100.00	100.00	100.00	
过马营	2010-01 ～ 2010-12	100.00	100.00	100.00	97.19	
黄沙头	2009-10 ～ 2010-09	87.23	87.23	87.28	87.28	
五道梁	2009-10 ～ 2010-09	86.03	86.03	86.03	86.03	
帕那	2010-01 ～ 2010-12	73.34	73.34	73.34	73.34	
巴日塘	2010-01 ～ 2010-12	97.72	97.72	97.72	97.72	
罗玛	2010-01 ～ 2010-12	93.89	93.89	93.89	93.89	93.89
小苏干湖	2009-09 ～ 2010-08	100.00	100.00	100.00	100.00	
白沙	2010-01 ～ 2010-12	95.51	95.55	95.51	95.54	95.54

2.1.4　声雷达探测资料

为了验证数值模拟得到的青藏高原具有丰富风能资源的结论，在西藏选取 4 个典型地形开展声雷达探测实验，测量高度能达到目前主流风电机组叶轮顶部，离地 200 ～ 300m。声雷达探测实验地点分布在拉萨市当雄县、阿里地区日土县、日喀则市定日县和山南市措美县，如图 2.4 所示。

1. 声雷达工作原理

目前，风能开发领域应用最广泛的雷达测风设备是法国产 Windcube 激光雷达，但是激光雷达在高原空气清洁、气溶胶浓度低的地方观测数据缺失严重。而声雷达探测不受气溶胶浓度影响，适用于高原空气清洁的环境。声雷达的基本测风原理是采用多普勒频移效应对风速进行推算，即物体辐射的波长因为波源和观测者的相对运动而产

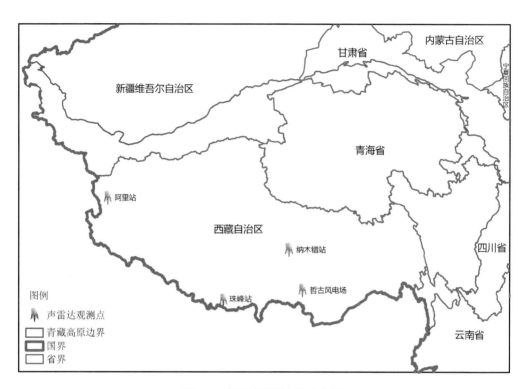

图 2.4　声雷达观测实验分布图

生变化。在运动的波源前面，波被压缩，波长变得较短，频率变得较高。在运动的波源后面，会产生相反的效应。波长变得较长，频率变得较低。一个最经典的例子是火车的汽笛声，当火车静止时，观察者听到的汽笛声音调是不变的；然而，如果火车驶向观察者时，人耳听到的汽笛声音调会变高，当火车经过观察者、逐渐远离时，人耳听到的汽笛声音调会变低。这就是声波波源与火车运动叠加后产生的多普勒效应。多普勒效应不仅仅适用于声波，它也适用于其他类型的波，包括电磁波，如激光。利用声波或激光反射回波的多普勒频移，即可推算移动速度。这也就是测风声雷达和激光雷达的观测原理。图 2.5 是对多普勒频移效应解释，红点代表波源，以一定速度向左运动。在其运动前方波频增加，后方波频降低。

图 2.5　多普勒频移效应图解

　　瑞典 AQSystem 公司 AQ510 声雷达内部有三个扬声器。与垂线夹角为 17° 的锥角，相继循环着向空中三个不同方向发射声波波束，每 5 秒循环一次。根据声波在空气中由于温度分布不均产生的湍流层导致的反射，计算反射波的多普勒频移，再反推风速。在复杂地形观测条件下，AQ510 声雷达的小锥角具有明显优势。AQ510 声雷达观测的是同一高度截面上三个波束面的风速，最后进行矢量合成（图 2.6）。AQ510 声雷达探测高度 40～200m，垂直分辨率 5m，时间分辨率 5s，可获取不同高度层的水平风速和风向、垂直风速以及环境温湿度数据。

图 2.6　AQ510 声雷达探测原理示意图

2. 声雷达观测实验选址原则

AQ510 声雷达选址的基本原则包括以下 6 个方面：

（1）避免回声。尽量远离能够产生回声的障碍物，如测风塔塔架、树木、岩石、建筑物、风力机等。

（2）尽可能选择地形平坦，地势开阔的区域，以减小地形因素对声雷达测量结果的影响。

（3）远离噪声。优化站点声学环境，减少噪声对数据采集的影响。

（4）尽可能将站点选择在交通条件较好的区域，以降低安装维护成本。

（5）尽量选择供电条件较好的区域，如靠近市电，阳光不被遮挡的区域。

（6）站点区域内需要有一块 $36m^2(6m \times 6m)$ 的平地，声雷达需水平放置。

　　避免地形引起的风速测量偏差是本书观测实验选址的重点。所有采用多普勒技术的远程遥感仪器（声雷达和激光雷达），都遵循气流线性流动的假设。气流越弯曲，线性流动假设的有效性越低，因此误差就越大。图 2.7(a) 中水平面以上风速分布是均匀的，在三个测量波束区间内风速是不变的，合成后的风速代表测量波束范围的平均值，因此测量误差很小。而图 2.7(b) 中声雷达设备被安置在一块起伏的地形上，气流爬坡造成了三个测量波束范围内风速分布不均匀且存在垂直风速分量,以此合成的风速会有较大偏差。

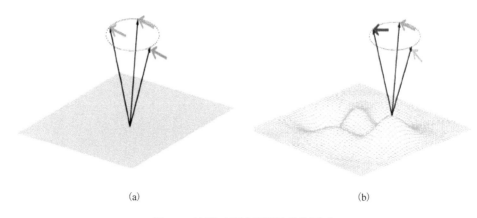

(a)   (b)

图 2.7   地形对风速探测偏差的影响

3. 风能资源特性观测实验设计

根据国家气候中心全国风能资源数值模拟图谱和西藏自治区电网建设情况,本书选择在昆仑山和唐古拉山与冈底斯山之间的宽谷,以及喜马拉雅山与冈底斯山之间的雅鲁藏布江河谷地带开展风特性观测实验。此外,为了避免占用牧民土地和设备看护带来的不便,考虑尽量选取中国科学院的科考站和中国气象局的气象站。通过考察发现,气象站均建在县城里,观测场周边都有一定程度的建筑物影响,且声雷达观测时发出的声音也会扰民,因此最佳的选择是中国科学院的科考站。

中国科学院纳木错多圈层综合观测研究站(简称纳木错站)位于纳木错东南岸,海拔 4730m,下垫面为高寒草甸,属典型的半干旱高原季风气候区。南边和东边是高峻的冈底斯山和雄伟的念青唐古拉山,北边是起伏较小的藏北高原丘陵,整个区域形成了一个封闭性较好的内流区域。纳木错站的声雷达风能资源特性观测实验于 2020 年 9 月 24 日至 11 月 5 日进行 [图 2.8(a)],质量控制后获得 36 天有效观测数据。

中国科学院阿里荒漠环境综合观测研究站(简称阿里站)位于阿里地区日土县西 3km 左右 219 国道南侧的马嘎草场,地处高原湖盆区,南侧背靠冈底斯山,向北眺望昆仑山,距离班公湖大约 10km,海拔 4270m,属于高原性气候。日土县由于气候干旱,流水作用弱,高原面保存完整,总的地势是南北高、中间低,沿班公湖—怒江断裂带形成高原地势最低的巨大集水洼地,在四周山脉之间沿断裂带则为宽谷或串珠状湖盆洼地。阿里站的声雷达风能资源特性观测实验于 2020 年 12 月 31 日至 2021 年 2 月 27 日进行 [图 2.8(b)],质量控制后获得有效观测数据 37 天。

中国科学院珠穆朗玛大气与环境综合观测研究站(简称珠峰站)位于定日县扎西宗乡,海拔 4276m,距珠穆朗玛峰大本营 30km 左右,站址处于藏南谷地,夹在喜马拉雅山和冈底斯山之间,这段谷地中分布着海拔 6458m 的拉轨岗日山和海拔 6495m 的藏拉峰，属于藏南谷地中地形最复杂的地区，地势西南高、东北低。受地形影响，珠峰站的风速垂直分布结构复杂，年平均风速不大。珠峰站的声雷达风能资源特性观测实验于 2020 年 11 月 10 日至 2021 年 1 月 5 日进行 [图 2.8(c)]，质量控制后获得有效观测数据 42 天。

(a)纳木错站　　　　　　　　　　　　　　(b)阿里站

(c)珠峰站　　　　　　　　　　　　　　(d)哲古风电场

图 2.8　纳木错站、阿里站和珠峰站以及哲古风电场的风特性观测实验现场

山南市措美县哲古高原试验风电场（简称哲古风电场）位于喜马拉雅山打拉日雪山的东北侧（图 2.9），打拉日雪山海拔 6785m，常年积雪。我国位于北半球的西风带，西风遇到青藏高原后形成南北两支绕流。因此，在秋季、冬季和春季，高原南缘主导风向为西南风，夏季为南偏东风；且由于青藏高原南缘地形陡峭，四季均分布着狭长的低水平风速带，这主要是由偏南风受喜马拉雅山的地形阻挡、垂直方向的爬流速度较大所致。受此大气环流影响，哲古风电场常年处于较弱的南风背景风场中。在山谷风局地环流作用下，风速日变化明显，且偏南风向的山风与南风背景风场叠加，形成了哲古风电场丰富的风能资源。为了深入研究哲古风电场风能资源特性及其成因，积累高原风电开发科学数据，风能开发利用现状及远景评价科考分队于 2021 年 11 月 7 日至 2022 年 3 月 19 日在风电场正北方向的 11.8km 处开展声雷达测风观测实验 [图 2.8(d)，图 2.10]，质量控制后获得有效观测天数 108 天。

图 2.9　哲古风电场现场

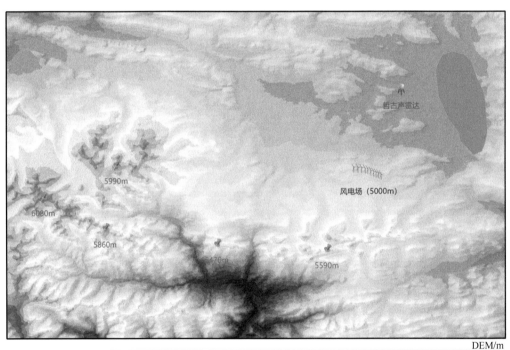

图 2.10　哲古风电场地形

2.2　风能资源数值模拟评估方法

采用中国气象局制作的两个风能资源数据集：一个是高分辨率风能资源数据集，

水平分辨率 1km×1km，代表 1979 ～ 2008 年风能资源气候平均值和统计特征；另一个是长时间序列风能资源数据集，时间长度 1995 ～ 2016 年，水平分辨率 3km×3km，时间分辨率 1h。通常采用高分辨率风能资源数据集评估全国风能资源技术开发量，采用长时间序列风能资源数据集对全国风能资源的时空变化特征进行气候学分析。

2.2.1 高分辨率风能资源数值模拟方法

1. 中国气象局风能资源数值模拟评估系统（WERAS/CMA）

风能资源数值模拟的关键是如何通过对有限数量的天数或短期的数值模拟得到长年代（20 年或 30 年）风能资源的气候平均分布。如果沿用基于观测资料进行风能资源评估的方法，即根据测量相关推测（measure-correlate-predict，MCP）法从短期测风数据与参证气象站的相关关系得到反映风场长期平均水平的代表年数据，则需要进行一个完整年的数值模拟，之后逐一对每个格点确定参证气象站并通过 MCP 建立代表年数据序列，这种方法巨大的运算量是难以承受的。为此丹麦瑞索（Risoe）国家实验室首先建立了风型分类法（Frank and Landberg，1997），随后被加拿大风能资源数值模拟系统（WEST）采用。WEST 的风型分类法根据 20 ～ 30 年的历史气象资料按照地转风的风向、风速和垂直切变划分成 448 类，统计历史上每种类型出现的频率，之后只要进行 448 个数值模拟并按各类出现频率进行加权平均就可获得风能资源的长期平均分布（Yu et al.，2006）。美国国家可再生能源实验室（NREL）则是采用随机抽取的方法，从一定的历史时段中按照季节随机抽取 365 天作为个例，然后逐一进行数值模拟并逐小时输出。因此，对于计算区内每一个格点，美国 NREL 的模拟方法可获得 8760 个风速模拟值，由此可以统计计算出风速、风向和风能频率分布等参数（Schwartz and Elliott，2004）。但是加拿大 WEST 最多只能得到 448 个风速模拟值，无法进行风能参数的统计计算。丹麦 Risoe 国家实验室虽然也只有 300 ～ 400 个风型分类，但是可以通过插值的方法把风速模拟输出值个数扩大 4 倍，主要存在的问题是采用不足 2000 个风速模拟值进行风能参数的统计分析，其结果的可靠性还有待考证。

中国气象局风能资源数值模拟评估系统（Wind Energy Resource Assessment System of CMA，WERAS/CMA）的基本思路是（朱蓉等，2010；肖子牛等，2010），在大气边界层动力学和热力学基础上，考虑到近地层风速分布是天气系统与局部地形作用的结果，风速分布的变化是由天气系统运动与变化引起的，大气边界层存在着明显的日变化，日最大混合层厚度与天气系统的性质有关。因此，依据不受局部地形摩擦影响高度上（850hPa 或 700hPa）的风向、风速和每日最大混合层高度，将评估区历史上出现过的天气进行分类，再从各天气类型中随机抽取 5% 的样本作为风能资源数值模拟的典型日，之后分别对每个典型日进行数值模拟，并逐时输出；然后根据各类天气型出现的频率进行加权平均，得到风能资源的气候平均分布；最后应用 GIS 技术剔除风能资源不可开发区，计算风能资源储量。图 2.11 是中国气象局风能资源数值模拟评估系统（WERAS/CMA）的流程图，采用历史气象观测资料进行天气型分类并筛选典型日，避免了全球环流模式分析资料 [美国国家环境预测中心（NCEP）] 误差的影响；对典型日的数值模拟可以采用真实的初始气象资料启动模式，模拟结果会更接近实况；对于每个典型日都逐小时输出风速变量等模拟值，能够为统计风能参数提供足够的统计样本。

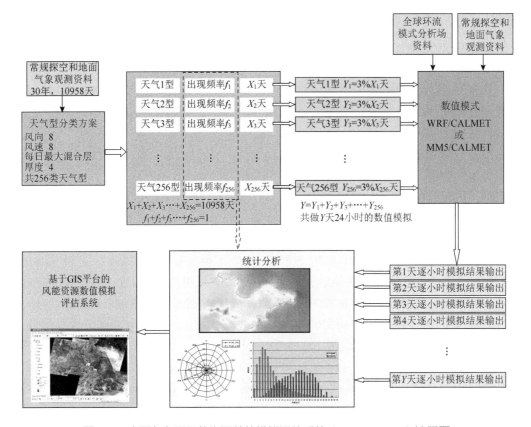

图 2.11　中国气象局风能资源数值模拟评估系统（WERAS/CMA）流程图

2. 中小尺度数值模拟

中国气象局风能资源数值模拟评估系统（WERAS/CMA）中的数值模式系统采用中尺度气象模式与小尺度地形诊断模式相结合的方式。中尺度气象模式采用美国 WRF（Weather Research and Forecast）模式系统，小尺度地形诊断模式采用美国国家环境保护局开发的大气环境影响评价法规模式 CALPUFF 中的气象模式 CALMET。CALMET 模式是美国国家环境保护局开发的地形动力诊断模式，基于中尺度气象数值模拟风场和气象观测资料，根据质量守恒原理，同时针对地形的运动学效应、斜坡气流和阻挡效应进行参数化，并引入观测资料，采用三维无辐散处理消除插值产生的虚假波动，诊断分析出复杂地形条件下的精细化风场。

1) 模式系统设置

中国地域辽阔、气候多样，处于 53°31′ ～ 3°52′N 的中低纬度位置，经度位置大致为 73°40′ ～ 135°5′E，包括 12 个温度带、56 个气候区（丁一汇，2013）。因此，考虑到不同地区的天气气候特点不同，将全国划分为 26 个数值模拟区域 [图 2.12(a)]，根据 1979 ～ 2008 年常规地面和探空气象观测资料，对每个区分别进行天气背景分类和典型日筛选，然后在每个区中对其所有典型日进行数值模拟并逐小时输出。图 2.12(a) 中的黑点表示 26 个模拟区域的中尺度 WRF 模式中心点，水平分辨率 9km×9km，为便于拼出全国风能资源图谱，相邻计算域之间重叠 40%。CALMET 模式的网格数 630×630，水平分辨率 1km×1km。由于 CALMET 模式的数值模拟依赖 WRF 中尺度数值模拟结果作初始场，因此，又将全国分为 97 个 CALMET 模式计算区域，以保证每个计算区域落在中尺度 WRF 模式的计算区域中，如图 2.12(b) 所示，黑色圆点表示 CALMET 模式的中心点位置。

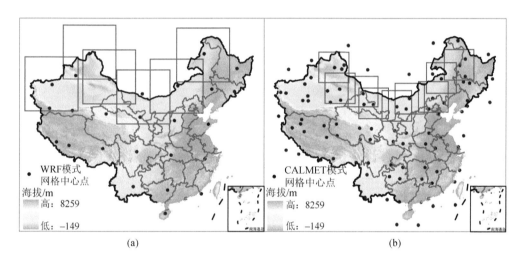

图 2.12　WRF 中尺度数值模式 (a) 和 CALMET 地形动力诊断模式 (b) 的计算区域设置

2) CALMET 地形动力诊断模式

CALMET 地形动力诊断模式采用墨卡托投影、大地坐标、正方形网格，水平网格如图 2.13 所示，网格点定义在网格的中心位置，第一个点 (1, 1) 定义为左下角的网格中心，东西为 x 轴，南北为 y 轴。垂直方向采用地形伴随坐标系，定义为

$$Z = z - h_t \tag{2.1}$$

式中，Z 为地形伴随坐标系垂直坐标系的垂直高度；z 为笛卡儿坐标系的垂直高度；h_t 为地形高度。

地形伴随坐标系下的垂直速度 W 表示为

$$W = w - u\frac{\partial h_t}{\partial x} - v\frac{\partial h_t}{\partial y} \tag{2.2}$$

式中，u 和 v 为水平风速。

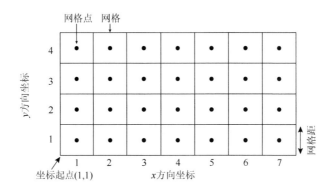

图 2.13　CALMET 地形动力诊断模式的水平网格示意图

地形运动学效应的参数化基于 Liu 和 Yocke（1980）理论，首先计算笛卡儿坐标系地形强迫下的垂直速度 w，之后水平风场通过三维无辐散调整得到，即

$$w = (v \cdot \nabla h_t)\exp(-kz) \tag{2.3}$$

$$k = \frac{N}{|V|} \tag{2.4}$$

式中，v 为标量平均风速；h_t 为地形高度；k 为与稳定度相关的衰减系数，随大气稳定度增加而增加；z 为垂直高度；N 为布伦特－韦伊塞莱频率；$|V|$ 为模量平均风速；w 为笛卡儿坐标系风速垂直分量。计算出 w 后，根据初值场的平均风场，把笛卡儿坐标系地形强迫下的垂直速度 w 转换成地形伴随坐标系下的垂直速度 W。

斜坡气流的计算采用了一个经验性参数化方法（Allwine and Whiteman，1985），假设斜坡气流的风向与泄流方向一致，假定

$$\begin{aligned} u_1' &= u_1 + u_s \\ v_1' &= v_1 + v_s \end{aligned} \tag{2.5}$$

式中，u_1、v_1 为未考虑斜坡气流效应的水平风速分量；u_s、v_s 为斜坡气流风分量。斜坡气流的风向取决于地形坡度，采用经验方法通过两次计算完成（Douglas and Kessler，1988），首先根据式（2.6）计算出 β'，即

$$\beta' = \tan^{-1}\left(\frac{\partial h_t}{\partial y} \middle/ \frac{\partial h_t}{\partial x}\right) \tag{2.6}$$

再用查表法确定 β''，见表 2.4。

表 2.4　β'' 角的查算方法　　　　　　　　　　　　（单位：°）

	$\dfrac{\partial h_t}{\partial x}=0$	$\dfrac{\partial h_t}{\partial x}<0$	$\dfrac{\partial h_t}{\partial x}>0$
$\dfrac{\partial h_t}{\partial y}=0$	—	$\beta'+180$	$\beta'+360$
$\dfrac{\partial h_t}{\partial y}<0$	270	$\beta'+180$	$\beta'+360$
$\dfrac{\partial h_t}{\partial y}>0$	90	$\beta'+180$	β'

最后由式（2.7）确定斜坡风的风向 β_d，单位：（°）。

$$\beta_d=\begin{cases}90-\beta'', & 0\leqslant\beta'\leqslant 90 \\ 450-\beta'', & 90<\beta'<360\end{cases} \tag{2.7}$$

斜坡风的风速与时辰、网格间温度递减率、地形高度和坡度有关，其参数化形式为

$$S=\beta_2\left[100\left(\frac{|\gamma|}{T_e}\right)h_{\max}s_1\right] \tag{2.8}$$

$$s_1=\left[\left(\frac{\partial h_t}{\partial x}\right)^2+\left(\frac{\partial h_t}{\partial y}\right)^2\right]^{\frac{1}{2}} \tag{2.9}$$

式中，S 为斜坡风速，m/s；s_1 为地形的陡峭程度；γ 为网格间温度递减率，K/m；$h_{\max}$ 为地形阻挡造成绕流的最大高度，m；T_e 为网格平均温度，K；β_2 为时辰的函数，上坡风取 1，下坡风取 –1。

地形造成的热力学遮挡效应被参数化为局地弗劳德数 Fr 的函数（Allwine and Whiteman，1985）：

$$Fr=\frac{V}{N\cdot\Delta h_t} \tag{2.10}$$

$$\Delta h_t=(h_{\max})_{ij}-z_{ijk} \tag{2.11}$$

式中，Δh_t 为有效阻挡高度，m；$(h_{\max})_{ij}$ 为 (i,j) 网格内地形阻挡造成绕流的最大高度，m；z_{ijk} 为 (i,j) 网格的第 k 层距地面的高度，m。如果局地弗劳德数 Fr 小于等于临界弗劳德数且网格点上有上坡风分量，则调整风向与地形的切线一致，风速不变；反之，不调整。

观测资料引入后，通过距离加权水平插值、相似理论垂直插值和三维无辐散等诊断分析方法，得到最终的高分辨率复杂地形风场。

3. 天气型分类与典型日筛选法

由于风力发电利用的是大气边界层低层的风能资源，因此在天气型分类时重点考虑大气边界层内动力和热力的综合作用导致的大气运动状态。大气边界层外的风向、风速可以代表大气边界层内大气运动的动力背景条件，不同的风向和风速与地形作用产生的风能资源分布形势有所不同；日最大混合层高度可以代表大气边界层内动力和热力的综合作用，稳定大气的混合层低且风切变大、不稳定大气的混合层高且风切变小。因此，选取 850hPa 的风速、风向以及每日最大混合层高度作为影响风能资源的天气背景因子，进行天气型分类。将风向等分为 8 个方向；风速按大小分为 8 档：0～2m/s、2～5m/s、5～10m/s、10～15m/s、15～20m/s、20～25m/s、25～30m/s、大于 30m/s；每日最大混合层高度分为 4 档：0～150m、150～500m、500～800m、大于 800m。因此，组合后的天气型最大可能的分类数为 256 类。然后在每个天气类型中随机抽取 5% 的天数作为典型日。

图 2.14 给出了每个中尺度模式 WRF 计算区域内的天气型分类数和典型日数。可以看出，各个计算区域的天气型分类数从 89 类到 194 类、典型日数从 437 天到 525 天不等；西部地区天气型分类数和典型日数明显少于东部地区；西藏东南部地区只有天气型 89 类、典型日 437 天，黑龙江东部地区有天气型 194 类、典型日 525 天。

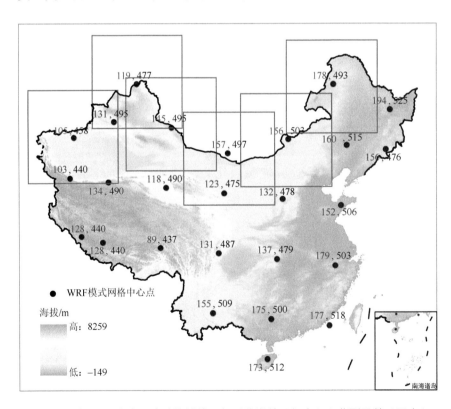

图 2.14 全国 26 个中尺度计算域的天气型分类数（红字）和典型日数（黑字）

2.2.2 长时间序列风能资源数值模拟方法

基于天气型分类的风能资源数值模拟方法只能得到风速的长年代平均分布和风能参数统计值，无法获得风能资源的年、月、日时间变化特征。国家气候中心为开展气候服务建立了长年代时间序列中尺度数值模拟气象要素库，水平分辨率为 3km×3km，时间分辨率为 1h，时间长度为 1995～2016 年。数据库的建立采用 WRF 中尺度模式的二重嵌套数值模拟方法，外重网格格距 9km，范围覆盖多半个欧亚大陆；内重网格共有 4 个，格距 3km，覆盖全国陆地和海域（图 2.15）。WRF 模式顶高度为 10hPa，垂直方向共 36 层，地面至 200m 高度划分 9 层。模式中物理过程参数化方案包括：Thompson（外重网格）和 WSM6（内重网格）微物理参数化方案；外重网格设置 K～F 积云参数化方案，内重网格不设置积云对流参数化方案；RRTM（Rapid RadiativeTransfer Model）长波辐射参数化方案；Dudhia 短波辐射参数化方案；ACM2 边界层参数化方案；Noah 陆面参数化方案。数值模拟采用四维资料同化技术融入全球大气环流模式格点再分析资料（CFSv2）、OISST 海表面温度资料、全国 2400 多个地面气象站和 160 多个探空气象站的定时观测资料。由于数值模拟的运算量巨大，因此采用中国"神威•太湖之光"超级计算机，其拥有 40960 个中央处理器（CPU），运算速度达 12.5 亿亿次 /s。

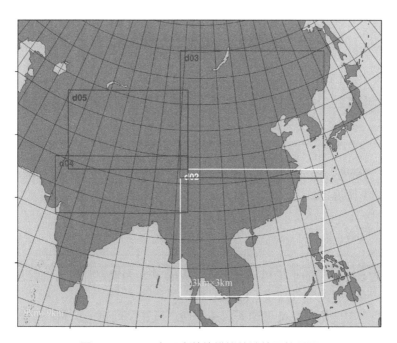

图 2.15 WRF 中尺度数值模拟的计算网格设置

2009 年中国气象局建立了包括 400 座测风塔的全国风能资源专业观测网，其中 70m 测风塔 329 座，100m 测风塔 68 座，120m 测风塔 3 座，在 2008～2009 年逐步建成，主要分布于中国风能资源较丰富的地区。本书采用测风塔 70m 高度上 2009 年 1

月至 2010 年 12 月一个完整年的逐小时风向风速观测数据对相同时段中尺度 WRF 模式逐小时输出的风速模拟结果（水平分辨率 3km×3km）进行误差检验，剔除观测资料完整率小于 90% 和年平均风速小于 3.8m/s 的测风塔，实际用于误差检验的测风塔共有 354 座，每座塔的样本数为 8700h 左右。测风塔实测风速与数值模拟风速的相对误差检验分析表明：49% 的测风塔的相对误差小于 5%；28% 的测风塔的相对误差为 5%～10%；14.4% 的测风塔的相对误差为 10%～15%；5.6% 的测风塔的相对误差为 15%～20%；3% 的测风塔的相对误差大于 20%。相对误差较大的测风塔主要分布于内陆地形复杂的山区和沿海山地。此外，全国范围内逐小时风速对比的相关系数为 0.6，按照 16 个方位分别进行平均的风速的相关系数为 0.8，超过 99.9% 的统计显著性检验，说明本书数值模拟的风速时空变化特征与实测风速的变化一致。

2.3 风能资源特性和开发潜力评估方法

2.3.1 风能资源特性

基于地面气象站、测风塔以及声雷达等观测资料统计分析的风能参数包括：空气密度、风速、风向、平均风功率密度、有效风功率密度、风能密度分布、风速垂直切变、湍流强度、50 年一遇最大风速以及局地风场表征风速等（《中国气象百科全书》总编委会，2016）。

空气密度直接影响风能的大小，在同等风速条件下，空气密度越大风能越大。空气密度计算公式如下：

$$\rho = \frac{1.276}{1+0.00366t} \times \frac{P-0.378e}{1000} \tag{2.12}$$

式中，ρ 为空气密度，kg/m^3；P 为气压，hPa；t 为气温，℃；e 为水汽压，hPa。

平均风功率密度由式（2.13）计算：

$$\overline{D_{\mathrm{WP}}} = \frac{1}{2n}\sum_{i=1}^{n}\rho v_i^3 \tag{2.13}$$

式中，$\overline{D_{\mathrm{WP}}}$ 为设定时段的平均风功率密度，W/m^2；n 为设定时段内的记录数；v_i 为第 i 记录风速值，m/s；ρ 为空气密度，kg/m^3。

有效风功率密度是风电机组切入风速与切出风速之间单位风轮面积上的风能功率，计算方法如下：

$$W_e = \int_{V_1}^{V_2}\frac{1}{2}\rho v^3 p'(v)\mathrm{d}v = \frac{1}{2}\rho\int_{V_1}^{V_2}v^3 p'(v)\mathrm{d}v \tag{2.14}$$

式中，W_e 为有效风功率密度，W/m^2；V_1 和 V_2 分别为风电机组切入风速和切出风速，

m/s；$p'(v)$ 为有效风速范围内的条件概率密度函数。

　　风能密度分布是指设定时段 16 个方位的风能密度各占全方位总风能密度的比例。风能密度计算公式为

$$D_{WE} = \frac{1}{2}\sum_{i=1}^{n}\rho v_i^3 t_i \tag{2.15}$$

式中，D_{WE} 为设定时段的风能密度，$W \cdot h/m^2$；n 为设定时段内的记录数；v_i 为第 i 记录风速值，m/s；t_i 为某扇区或全方位第 i 个风速区间的风速发生的时间，h；ρ 为空气密度，kg/m^3。

　　风速垂直切变是指水平风速在垂直方向上的变化，计算公式为

$$\frac{v_1}{v_2} = \left(\frac{z_1}{z_2}\right)^{\alpha} \tag{2.16}$$

式中，v_2 为高度 z_2 处的风速，m/s；v_1 为高度 z_1 处的风速，m/s；α 为两个高度层间的风切变指数，其值的大小表明了风速垂直切变的强度。

　　湍流强度表示瞬时风速偏离平均风速的程度，是评价气流不规则运动的重要指标。它是风速的标准偏差与平均风速的比值，湍流强度与地表粗糙度和大气稳定度等因素有关，其计算公式为

$$I = \frac{\sigma_v}{V} \tag{2.17}$$

式中，I 为湍流强度；σ_v 为指定时间段内的风速偏差，m/s；V 为指定时间段内的平均风速，m/s。

　　50 年一遇最大风速是风电机组设计时重要的参考参数之一，它是决定风电机组极限载荷的关键指标。本书借助参证气象站，计算测风塔处 50 年一遇最大风速，计算步骤包括：第一，依据气象站最大风速与同期测风塔最大风速相关系数高和气象站最大风速历史变化相对稳定的原则，筛选出参证气象站；第二，采用各测风塔 70m 高度的日最大风速与相应的参证气象站同期日最大风速进行相关检验分析，得到订正系数；第三，根据各参证气象站 30 年或 40 年的逐年最大 10min 平均风速序列，采用国家规范推荐的极值 I 型分布函数，计算各参证气象站 10m 高度、重现期为 50 年的 10min 平均风速；第四，根据各测风塔的订正系数，推算出各测风塔 70m 高度 50 年一遇 10min 平均风速；第五，利用标准空气密度 $1.225kg/m^3$ 计算出各测风塔 70m 高度 50 年一遇标准空气密度下 10min 平均风速。

　　局地风场表征风速是用来表达局地大气环流气候特征的参量（曾佩生等，2019）。采用全年地面或测风塔资料计算局地风场表征风速的步骤为：第一，逐日计算日平均风速值 $\bar{u}$；第二，于每个观测日，逐小时地用小时平均风速 u 减去对应的日平均风速 $\bar{u}$，得到可以体现日变化的逐小时风速距平值 u'；第三，逐一求取全天 24h 的逐小时

风速距平的全年平均值 $\overline{u'}$。逐小时风速距平的全年平均值 $\overline{u'}$ 可以体现低空局地风场的日变化特征。

2.3.2 技术开发量

风能资源的开发利用受风能利用技术水平、自然地理条件、土地资源、交通、电网以及国家或地方发展规划等诸多因素的制约，对风能资源储量的评估必须综合考虑各种限制因素。风能资源宏观评估主要服务于国家或地方风电发展战略规划的制定，因此需重点考虑风能资源禀赋、现阶段风能利用技术水平，以及自然地理条件、生态环境国家保护区和城市等限制风能资源开发的因素。风能资源储量评估的基本原则：首先确定可利用风能资源的区域分布和面积，再根据现阶段主流风电机组的额定功率、叶轮直径和其利用风速等级计算装机容量，最后根据区域年平均风速和风能可利用面积比对可利用风能等级进行划分，给出可利用风能资源区划。通过 GIS 分析扣除不可开发风电场的区域，计算受到上述制约因素影响区域内的风能开发土地可利用率。将不可用于开发风电区域的土地可利用率设置为零，如水体、城镇等，不同的地形坡度和植被覆盖类型设置不同的土地可利用率（表 2.5）（朱蓉等，2021）。本书有两点特别考虑：第一，青藏高原科考关注自然资源本身，因此评估技术开发量时不剔除自然保护区；第二，青藏高原空气密度较低，相同风速下的风能比平原地区小，距地面100m 高度的年平均风功率密度为 400W/m^2 时，近似于 3 级风能资源，此外，高寒地区风电开发成本比平原地区大，因此评估技术开发量时，只计算年平均风功率密度为400W/m^2 的区域。本书使用的土地利用数据来源于地理监测云平台（http://www.dsac.cn/）2015 年全国 1km 分辨率土地利用数据产品；地形坡度数据来源于中国科学院寒区旱区科学大数据中心（http://bdc.casnw.net/）中国 1km 分辨率数字高程模型数据集。

表 2.5　风能资源可开发利用条件的 GIS 分析原则

	限制条件	土地可利用率
地形坡度	$\alpha \leqslant 3$	1
	$3 < \alpha \leqslant 6$	0.5
	$6 < \alpha \leqslant 30$	0.3
	$\alpha > 30$	0
土地利用类型	水体	0
	草地	0.8
	灌木	0.65
	森林	0.2
	城市及周边 3km 范围	0

考虑到影响风电开发的两个重要因素是年平均风速和土地可利用率，可利用风能

资源等级划分应兼顾这两个因素。为此,需要建立可利用风能资源等级的二元划分方法,根据年平均风速和土地可利用率联合判定可利用风能资源等级。在可利用风能资源等级划分标准(表 2.6)中,将土地可利用率从 0.1 到 1 等间距划分为 5 个区;将 80m 高度年平均风速划分为 5 档:4.8 ～ 5.8m/s、5.8 ～ 6.5m/s、6.5 ～ 7.0m/s、7.0 ～ 7.5m/s、≥ 7.5m/s。年平均风速在 4.8 ～ 5.8m/s 的风能资源为低风速风能资源。低风速风电机组的研制成功,使原本被认为无价值的低风速风能资源也可以开发利用。可利用风能资源划分为 5 个等级:非常丰富、丰富、较丰富、一般和低风速,可利用风能资源等级为丰富和非常丰富的含义是年平均风速大且土地可利用率高,适合大规模风电开发;可利用风能资源等级为一般则表明年平均风速刚好达到可利用水平或者由地形复杂等原因导致土地可利用率较低。低风速区年平均风速较小,需要选择高轮毂、长叶片的低风速风电机组。海上风电开发远比陆上复杂,制约因素非常多,如航道、军事、石油开采、水产养殖等,本章根据文献(中国可再生能源发展战略研究项目组,2008;中国科学院等,2012)取海域可利用率为 0.2。因此,海上可利用风能资源等级就根据年平均风速划分为 4 级:非常丰富、丰富、较丰富和一般。

表 2.6　陆上可利用风能资源等级划分标准

土地可利用率	陆上 80m 高度年平均风速 /(m/s)				
	$V \geqslant 7.5$	$7.0 \leqslant V < 7.5$	$6.5 \leqslant V < 7.0$	$5.8 \leqslant V < 6.5$	$4.8 \leqslant V < 5.8$
0.8 ～ 1	非常丰富	非常丰富	丰富	丰富	低风速
0.6 ～ 0.8	非常丰富	丰富	较丰富	较丰富	低风速
0.4 ～ 0.6	丰富	较丰富	较丰富	一般	低风速
0.2 ～ 0.4	较丰富	一般	一般	一般	低风速
0.1 ～ 0.2	一般				

当前,为了充分利用风能资源,在评估风能资源技术可开发量时,采用适用于不同风速等级的风电机组计算风能资源技术开发量。新疆金风科技股份有限公司的机组在国内装机量较多,其机型具有一定代表性,因此选用适用不同风速区间的 4 种金风机型参数进行计算。表 2.7 列出了陆上不同的年平均风速区间的适用风电机组参数和装机容量系数。假设风电机组的排布方式是:顺风向间距 8 倍叶轮直径;横风向间距 5 倍叶轮直径。对于陆上各个年平均风速区间或海上不同海域,根据其适用的风电机组额定功率及其可利用土地或海域面积,即可算出装机容量系数:

$$C_i = \frac{P_i}{5D \times 8D} \tag{2.18}$$

式中,C_i 为可利用风能资源等级 i 的装机容量系数;P_i 和 D 分别为适用于陆上可利用风能资源等级 i 对应的平均风速区间的风电机组的额定功率和叶轮直径。根据各个年平均风速区间所拥有的可利用面积及其装机容量系数,按照式(2.19)可分别计算 80m、100m、120m 和 140m 高度上的区域风能资源技术开发总量:

$$TP = \sum_{i=1}^{n} S_i C_i \qquad (2.19)$$

式中，TP 为区域风能资源技术开发总量；n 为年平均风速区间的个数；S_i 为可利用风能资源等级 i 所拥有的可利用面积（朱蓉等，2021）。

表 2.7　陆上适用不同风速的风电机组参数和装机容量系数

年平均风速 /(m/s)	风电机组型号	叶轮直径 / m	额定功率 / MW	装机容量系数 /(MW/km²)
$4.8 \leqslant V < 6.5$	GW131-2.2	131	2.2	3.20
$6.5 \leqslant V < 7$	GW121-2.0	121	2.0	3.42
$7 \leqslant V < 7.5$	GW140-3.4	140	3.4	4.34
$V \geqslant 7.5$	GW109-2.5	109	2.5	5.26

2.3.3　风能环境指数

上述风能资源技术开发量是表达某一个高度上的风能资源可开发量，事实上风电机组利用的是叶轮直径空间范围内的风能。近年来，风电机组正在向高轮毂、长叶片的大型化发展，目前我国最大的陆上风电机组的叶轮直径已达 175m。已有很多研究关注叶轮直径范围内的风切变对发电量计算的影响（Wagner et al.，2011，2014；Scheurich et al.，2016）。因此，为了体现叶轮直径空间范围内各个高度风速对风力发电的贡献，定义一个风能环境指数，令其等于 10 ~ 300m 所有高度上风功率密度 $\frac{1}{2}\rho V^3$ 的积分（朱蓉等，2022）。计算结果表明，由于风速随高度的变化是增加的，风速的 3 次方使上层风速的大小完全决定了计算结果的大小，掩盖不同时间和地点风速随高度变化快慢不同的差别。因此，将风能环境指数中风速的 3 次方修改为底层风速乘以顶层风速，再乘以风速从底层到顶层的积分。即

$$I_{WE} = \frac{1}{2} V_b V_t \left(\frac{1}{n} \sum_{i=1}^{n} \rho_i V_i \right) \qquad (2.20)$$

式中，I_{WE} 为风能环境指数，W/m²；V_b 和 V_t 分别为底层和顶层的风速，m/s。由于风电机组叶轮下缘离地高度是根据建设条件确定的，而风能环境指数只是宏观表达风能资源开发潜力，因此底层可以根据研究需要选取。本章采用探空资料计算风能环境指数时，底层高度取 60m，因为探空球释放后会受周边建筑物等影响，60m 以下观测数据不可用；采用数值模拟结果计算时，底层高度取 10m。考虑到风电机组大型化的发展趋势，顶层高度取 300m。n 为底层至顶层高度之间的分层数；ρ_i 和 V_i 分别为第 i 层的空气密度和风速，单位分别为 kg/m³ 和 m/s。风能环境指数 I_{WE} 的数值越大，说明该地风廓线特征更有利于风力发电，风能资源越好。图 2.16 给出了青海沱沱河、玉树和西藏那曲的平均探空曲线，采用式（2.20）计算得到青海沱沱河、玉树和西藏那曲从距地面 60m 至

300m 的风能环境指数分别为 191W/m²、48W/m² 和 71W/m²。可以看出，青海沱沱河在整个 60～300m 高度内风速都很大，所以风能环境指数最大。青海玉树和西藏那曲的空气密度分别为 0.805kg/m³ 和 0.748kg/m³，青海玉树的空气密度相对大一些；从图 2.16 可以看出，200m 高度以下青海玉树的风速略大于西藏那曲；但青海玉树的风能环境指数只有西藏那曲的 68%。其原因是 200m 高度以上，青海玉树的风速随高度迅速减小，出现了较大的负切变，从而导致风能环境指数偏低。由此可见，风能环境指数可以反映风速垂直分布不同带来的风能资源开发潜力的差异。

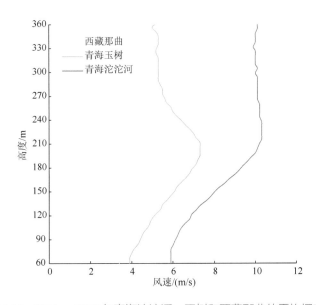

图 2.16　2014～2018 年青海沱沱河、玉树和西藏那曲的平均探空曲线

2.4　风能资源长期变化评估方法

区域气候模式 RegCM 系列模式垂直方向采用 sigma 坐标，水平采用 Arakawa B 网格差分方案，模式侧边界采用指数张弛时变边界方案。目前模式已经发展到了第四版本 RegCM4（Giorgi et al.，2012）。与 RegCM3 比较，RegCM4 的模式构架改动较大，模式代码基于 Fortran2003 标准重新编写，有二维剖分、并行输出等功能，具有较好的并行效率和可扩展性。物理过程方面也有大量调整和改进，增加了更多的物理参数化方案选择，其中行星边界层包括 Holtslag 方案和 UW 方案等，积云对流包括 Grell 方案、Emanuel 方案和 Tiedtke 方案等，陆面过程包括 BATS 方案和 CLM 方案等。目前模式支持多种数据作为侧边界强迫，包括不同的再分析数据，以及多套 CMIP5 全球模式结果等。根据不同应用，区域气候模式分辨率灵活可变，常用分辨率为 50km、25km 等。RegCM4 在中国区域的调试、评估和气候变化预估应用基于再分析资料驱动 RegCM4.4 下大量试验的对比分析（Gao et al.，2017），本书选择了对中国区域有较好模拟效果的

参数化组合：辐射采用 CCM3 方案，行星边界层使用 Holtslag 方案，大尺度降水采用 SUBEX 方案，积云对流选择 Emanuel 方案，陆面使用 CLM3.5 方案。试验使用的土地覆盖资料在中国区域内基于中国 1 ∶ 100 万植被图得到（韩振宇等，2015）。该版本已经被应用在 CORDEX-East Asia（区域气候模式降尺度协同试验 - 东亚区域）第二阶段的系列试验，包括历史模拟评估和未来气候变化预估等。气候变化预估动力降尺度的试验设计模拟的区域是 CORDEX-East Asia 第二阶段推荐区域，覆盖了整个中国及周边地区。模式水平分辨率为 25km，垂直方向为 18 层。历史模拟时段为 1979 ～ 2005 年。驱动区域气候模式的初始场和侧边界值由 CMIP5 的 3 个全球气候模式的逐 6h 输出提供。

2.5 青藏高原气候背景风场资料及分析方法

2.5.1 全球大气环流模式再分资料

ERA5 是使用欧洲中期天气预报中心（ECMWF）集合预测系统（IFS）CY41R2 中的 4D-Var 数据同化和模式预测系统产生的再分析数据集。ERA5 数据集包含一个高分辨率数据集（小时，31km）和降低分辨率的十个成员集成的数据集（小时，63km）。ERA5 提供了大量大气、陆地和海洋性气候变量的每小时估计值。这些数据在水平方向覆盖全球，垂直方向 137 层，涵盖从表面到 80km 高度。它同时还提供 37 层压面上的三维气候变量小时估计值，降水、大气辐射、海温、海浪等地表二维要素以及整个大气层垂直积分变量。ERA5 还包括了在降低空间和时间分辨率下的所有变量的不确定性信息。本书采用 ERA5 1991 ～ 2020 年逐 6h 地表 U、V 风量，550hPa、500hPa 和 400hPa 高度上的 U、V、W 三维风分量进行青藏高原气候背景风场的分析。计算春（3 ～ 5 月）、夏（6 ～ 8 月）、秋（9 ～ 11 月）、冬（12 月至次年 2 月）四个季节多年平均风场。地形高程数据采用美国航天飞机雷达地形测绘（shuttle radar topography mission，SRTM）1km 数据集。

2.5.2 气候背景风场分析方法

气候背景风场分析采用 Voxler 无质量粒子轨迹追踪法，借助于美国 Golden 软件公司专业三维数据可视化软件 Voxler。Voxler 主要包括数据源模块、计算模块、通用模块和图形输出模块 4 个网络管理模块，其中计算模块包括三维网格、重采样、多个网格操作和图像处理。Voxler 可以将自己的数据转换为三维的模型数据，可以轻松可视化地质和地球物理模型、污染羽流、激光雷达点云、钻孔模型或矿体沉积模型的多分量数据，可以显示流线、矢量图、等高线图、等值面、图像切片、三维散点图、轨迹等，还可以显示数字高程模型（DEM）图像和散点二维网格数据。

Voxler 无质量粒子轨迹追踪法是 Voxler 流线模块通过一个流场计算流线，即在给定区域内的速度分布。流线是在空间体积内表示流动方向和大小的线。该技术在特定的种子点注入无质量粒子，并追踪它们穿过场的路径。当新的速度为零、超过最大流的长度，或当流与场的边界相交时，粒子就会停止。流点在一个恒定的时间间隔内进行采样。速度越大，点的距离就越远。

第 3 章

青藏高原风能资源的气候特征

3.1 大尺度背景风场气候特征

青藏高原作为一个耸立于大气中的 4～5km 高的大尺度地形，对于所在区域的大气而言，夏季是一个巨大的热源，高原上空大气以上升运动为主；冬季则是一个冷源，大气下沉运动加强。气象卫星监测发现，青藏高原中部长年存在一个低涡（图 3.1），青藏高原低空流场的时空变化与此密切相关。青藏高原大地形通过对大尺度流场气流的阻挡、抬升和地面摩擦等动力作用，影响东亚西风急流和东亚大槽的形成过程。青藏高原上分布着众多的大起伏高山和极高山，从而形成了比平原地区更强的局地大气环流，加大了风速的垂直切变和水平切变。青藏高原气候类型多样，主要包括热带、亚热带湿润气候，高原季风气候，以及亚寒带、寒带半干旱高原气候等主要气候类型。亚热带湿润气候主要分布于喜马拉雅山南麓；高原季风气候主要分布于藏东南、藏南、雅鲁藏布江中游、那曲和阿里地区。

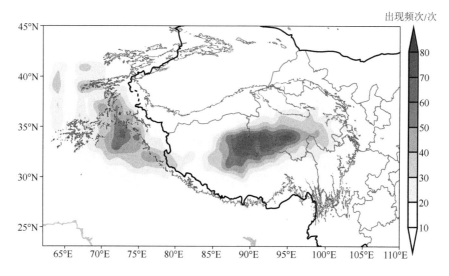

图 3.1　风云气象卫星监测的 1989～2016 年青藏高原低涡出现频次分布图
图片来源：国家卫星气象中心

以下采用 ERA5 1991～2020 年逐 6h 地面水平风速 U、V 分量，550hPa、500hPa 和 400hPa 的 U、V、W 三维风分量，计算春（3～5 月）、夏（6～8 月）、秋（9～11 月）、冬（12 月至次年 2 月）四个季节 30 年平均风场，并采用 Voxler 无质量粒子轨迹追踪法进行气流溯源分析。

冬季，青藏高原位于西风带里，风场的爬流分量和绕流分量几乎相当。在 500hPa 和 550hPa 等压面上（图 3.2），气流分为南北两支，北支经过塔里木盆地以后向南折转；南支沿青藏高原南缘流动，风速明显减小，经过孟加拉湾后向北折转。青藏高原主体的 550hPa 等压面上为一明显的气流辐合区和风速低值区，青藏高原中部为偏西风，东部和西部为偏南风。500hPa 等压面上，青藏高原主体上空仍为一明显的气流辐合区和风速低值区，青藏高原西部为偏南风，中部和西部为偏西风。青藏高原上空的风场辐合区域与青藏高原低涡活动区域关系密切,辐合中心与低涡活动大值区相吻合（图3.1）。400hPa 等压面上,青藏高原及周边区域盛行偏西风,青藏高原南缘以南出现风速大于30m/s 的急流带。

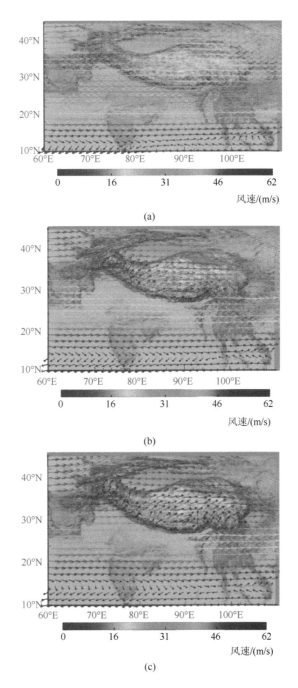

(a)

(b)

(c)

图 3.2　冬季青藏高原及周边地区 400hPa（a）、500hPa（b）、550hPa（c）风场分布特征

箭头表示风向；颜色表示风速

对分布在柴达木盆地、青海高原、川藏高山峡谷和藏南谷地的 12 个探空气象站的 2014 ～ 2018 年冬季风向玫瑰图（图 3.3）的分析表明，在距地面 5km 高度上，青藏高原东部的冬季盛行偏西风；相对于 5km 高度上的风向，柴达木盆地的茫崖站、格尔木站和都兰站距地面 1.5km 和 2km 高度上的风向向北偏 22.5°，藏南谷地的定日站、拉萨站和那曲站距地面 1.5km 和 2km 高度上的风向向南偏 22.5° ～ 45°，林芝站则向南偏 135°。位于林芝地区东南方向的西南 - 东北走向的喜马拉雅山末端山脉，使高原南支绕流向北折转，形成了低层的偏南风气流。

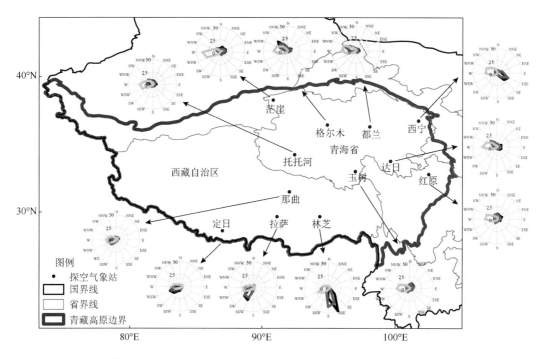

图 3.3　青藏高原上 12 个探空气象站 2014 ～ 2018 年冬季不同高度的风向玫瑰图
玫瑰图中黑色线表示 1.5km 高度；红色线表示 2.0km 高度；绿色线表示 5.0km 高度；图中数值表示频率，%

在冬季 100m 高度风场上（图 3.4），藏北高原到青海高原盛行西南偏西风，藏南谷地和川藏高山峡谷区盛行西南风，沿阿尔金山北侧和塔里木盆地南缘有一股较强的东北风气流。在地面风场上，青藏高原昆仑山以南的地面风场主要盛行西南风，来自高原南缘喜马拉雅山的爬流长驱直入，呈西南东北走向，最远可到布尔汗布达山的东段，如图 3.5 中蓝色流线所示。冬季的地面风速是一年中最大的，其中高原中部平均风速为 4 ～ 5m/s，东部和西部为 2 ～ 3m/s。可以发现，青藏高原南缘喜马拉雅山的地面风速较低，且山脉南北两侧的风向完全不同。南支绕流在印度半岛印度洋区域形成了大范围的西北气流，但由于喜马拉雅山的高度，爬坡气流减弱较快，风向变得不稳定；翻山以后的气流从上层偏西气流获得动量形成有组织的较强的西南气流。青藏高原上空北支气流经过天山后向南折转，形成了塔里木盆地的地面东风气流，与来自阿尔金山的偏南风交汇，形成了青藏高原北缘狭窄的小风乱流带。

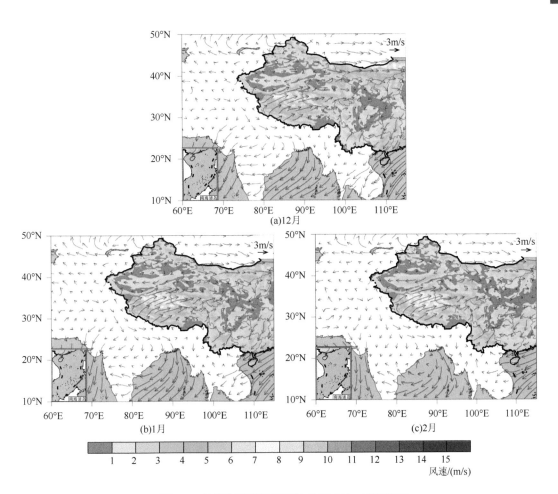

图 3.4　冬季青藏高原及周边地区 100m 高度风场
箭头表示风向；颜色表示风速

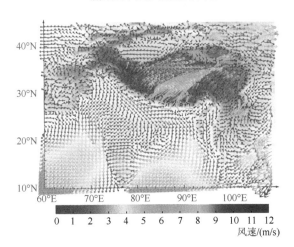

图 3.5　冬季青藏高原及周边地区 10m 高度风场及流向高原东南部的流线分布特征
箭头表示风向；颜色表示风速；蓝线：起始、终止速度为零的地方

　　夏季西风带北移至青藏高原以北，在 400hPa 等压面上，青藏高原主体为西风，青藏高原南侧的缅甸有一个反气旋，使喜马拉雅山中段为南风；在 500hPa 等压面上，青藏高原主体正好位于副热带高压的断裂带中，西风气流和季风气流汇合形成切变线，其上常有天气尺度的低涡活动。从图 3.6 中可以看出，500hPa 等压面上青藏高原中部被一个低压所控制，在青藏高原南侧存在一深厚的气旋反气旋对，其中气旋性环流位

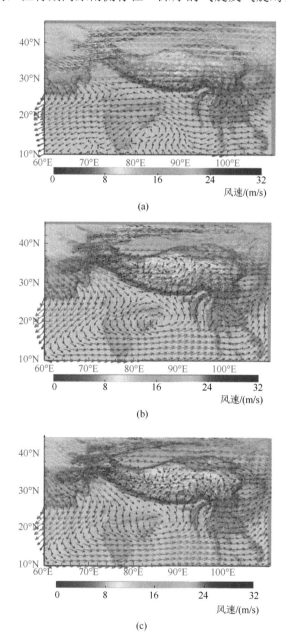

图 3.6　夏季青藏高原及周边地区 400hPa(a)、500hPa(b)、550hPa(c) 风场分布特征
箭头表示风向；颜色表示风速

于印度半岛东北部上空，反气旋环流主要位于藏东南偏南地区上空。在 550hPa 等压面上，一条气流辐合切变线东西贯穿青藏高原，正好位于藏北高原，切变线以南偏南风，切变线以北偏北风。

夏季青藏高原东部的 12 个探空气象站距地面 5km 高度上的主导风向仍然为偏西风，但是由于总体风速降低，静风频率高，因此主导风向不像冬季一样突出，如西藏那曲站、定日站和拉萨站（图 3.7）。在距地面 1.5km 和 2km 高度上，除了林芝站比 5km 高度风向偏南近 90° 以外，青海西宁站的风向向东南偏转 135°。西宁站位于祁连山地东部，处于达坂山、拉脊山、日月山等群山环抱的东西走向河谷中，夏季较强的热力作用，促进了局地大气环流的发展，造成低层大气运动与高层大气环流运动有较大差别。

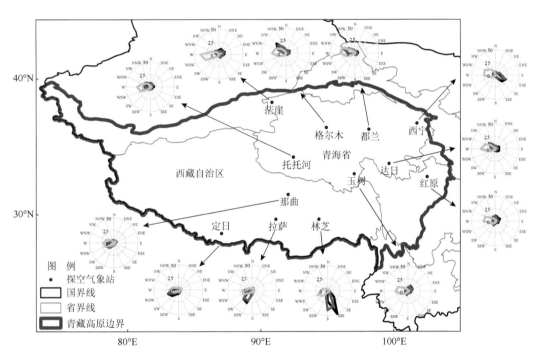

图 3.7　青藏高原上 12 个探空气象站 2014 ～ 2018 年夏季不同高度的风向玫瑰图

玫瑰图中黑色线表示 1.5km 高度；红色线表示 2.0km 高度；绿色线表示 5.0km 高度；图中数值表示频率，%

在夏季 100m 高度风场上（图 3.8），可以看到气流辐合切变线位于冈底斯山北侧以及唐古拉山与念青唐古拉山之间。气流辐合切变线以北盛行东北偏东风，气流辐合切变线以南盛行东南风，藏南谷地盛行偏南风。沿阿尔金山北侧和塔里木盆地南缘的东北风气流更加强盛。在青藏高原夏季的地面风场上（图 3.9），大约以 32°N 为界，以北为偏北风、以南受偏南风控制，沿高原东西轴附近存在狭长的辐合带。塔里木盆地的偏北气流翻过阿尔金山后汇入辐合带；高原的南支绕流主要从喜马拉雅山的中段和东段爬升后汇入辐合带，如图 3.9 中蓝线所示。高原北缘与塔里木盆地交汇处仍存在强而窄的偏东风带，东北部高原与柴达木盆地交汇处存在强而窄的偏西风带，高原南缘分布着狭长的水平风速接近零的低风速带。

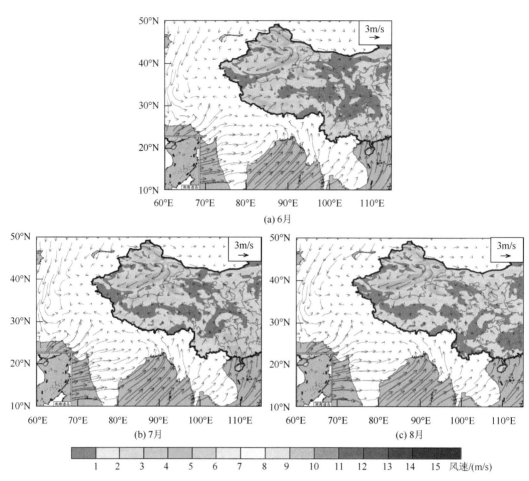

图 3.8　夏季青藏高原及周边地区 100m 高度风场

箭头表示风向；颜色表示风速

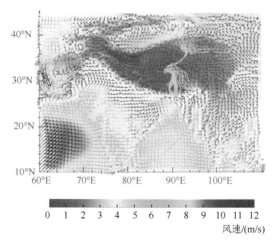

图 3.9　夏季青藏高原及周边地区 10m 风场及流向高原东南部的流线分布特征

箭头表示风向；颜色表示风速；蓝线：起始、终止速度为零的地方青藏高原春季和秋季的高原上空风场分布类似（图 3.10 和图 3.11），基本形式分别表现为冬季流场向夏季流场的过渡和夏季流场向冬季流场的过渡，春季南支西风急流减弱、北撤，印度洋西南季风逐渐抵达高原南麓；相反，秋季西风急流向南扩展，逐渐控制高原，印度西南季风逐渐消失。400hPa 等压面上，青藏高原主体上空为西风控制，北支绕流经过新疆天山上空以后向南折转，与南支绕流在青藏高原东侧下游地区汇合；青藏高原以南有一条较宽的西风急流带穿过印度半岛北部和孟加拉湾。550hPa 等压面上，青藏高原主体的西部为西南风，东部偏西风，中北部为西风，中南部西南偏西风。

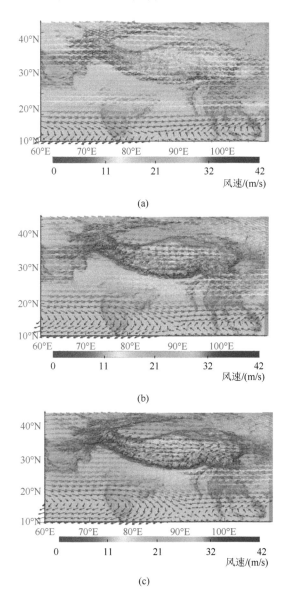

图 3.10　春季青藏高原及周边地区 400hPa（a）、500hPa（b）、550hPa（c）风场分布特征
箭头表示风向；颜色表示风速

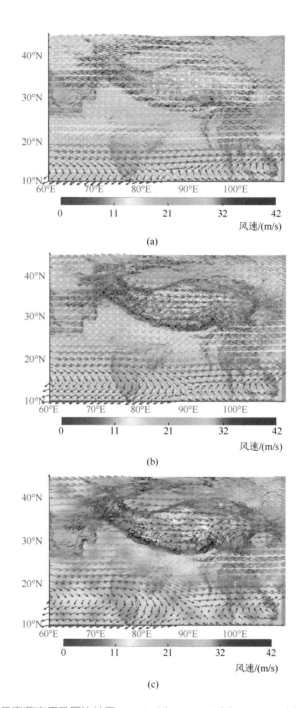

图 3.11 秋季青藏高原及周边地区 400hPa(a)、500hPa(b)、550hPa(c) 风场分布特征

箭头表示风向；颜色表示风速

500hPa 等压面上，青藏高原中部明显有一条东西向的气流辐射带，其北侧是西偏北风、南侧是西偏南风，喜马拉雅山东段为南风。

　　春季和秋季的 100m 高度风场表现出冬季向夏季和夏季向冬季的转换过程（图 3.12 和图 3.13）。春季的 3 月和 4 月的 100m 高度风场形势与冬季风场基本类似，藏北高原的盛行风向西偏转，4 月已完全转为西风。5 月沿冈底斯山基本是西风，但昆仑山南侧风向开始向北偏转，冈底斯山北侧的气流辐合切变线的雏形已显现。在秋季的 9 月，冈底斯山北侧的气流辐合切变线仍然存在，只是南北两侧的辐合都有所减弱。10 ~ 11 月藏北高原盛行西南风，11 月的风速明显比 10 月加大。川藏高山峡谷区的盛行风向由南风转为西南风。无论是春季还是秋季，沿阿尔金山北侧和塔里木盆地南缘的东北风气流始终存在。

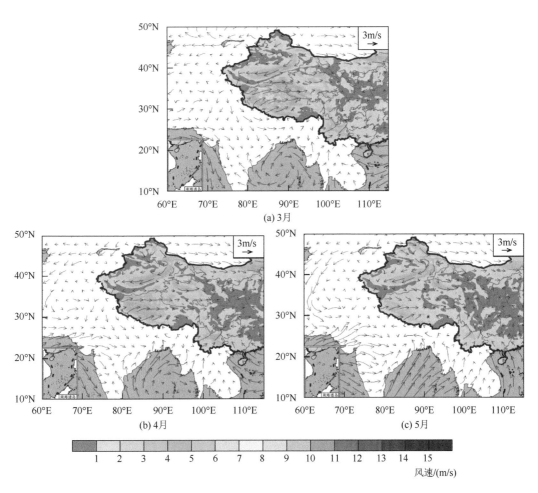

图 3.12　春季青藏高原及周边地区 100m 高度风场

箭头表示风向；颜色表示风速

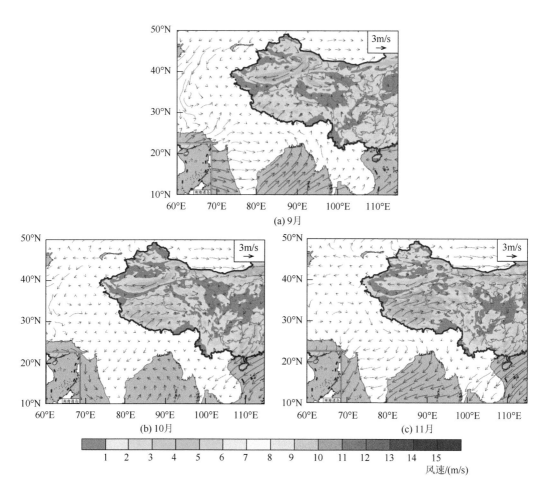

图 3.13　秋季青藏高原及周边地区 100m 高度风场

箭头表示风向；颜色表示风速

　　春季，青藏高原地面风场表现为西部盛行偏西风，南部盛行西南风，气流从喜马拉雅山中段和东段进入，直到唐古拉山东段，见图 3.14 蓝色流线。青藏高原北支绕流在塔里木盆地东侧向南折转，形成较强的北风，之后向西折转，在青藏高原北缘形成较强的东风。塔里木盆地东侧的较强北风翻过阿尔金山东段与祁连山西段，从西北方向进入柴达木盆地，给柴达木盆地南部带来了较强的西北气流。青藏高原南部西北 - 东南走向的横断山脉和同样是西北 - 东南走向的巴颜喀拉山等大起伏高山峡谷和河谷，对西风气流的能量起到耗散作用，所以青藏高原东部风速降低，风向紊乱。

　　秋季，青藏高原南部的地面风场与春季基本类似，但是从喜马拉雅山中段和东段进入的气流向北延伸得更远，可以达到唐古拉山北侧，见图 3.15 蓝色流线。青藏高原北侧塔里木盆地东部的偏北气流爬坡后，给柴达木盆地带来的风力明显比春季弱。三江源地区的西南风比春季偏强，祁连山地的偏西风相对春季明显一些。

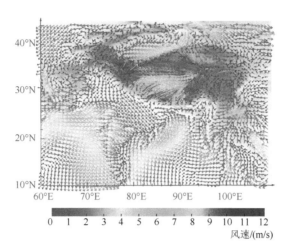

图 3.14 春季青藏高原及周边地区 10m 风场及流向高原东南部的流线分布特征
箭头表示风向；颜色表示风速；蓝线：起始、终止速度为零的地方

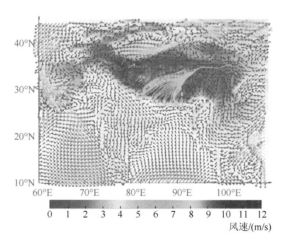

图 3.15 秋季青藏高原及周边地区 10m 风场及流向高原东南部的流线分布特征
箭头表示风向；颜色表示风速；蓝线：起始、终止速度为零的地方

3.2 地面风速时空变化的气候特征

3.2.1 季节变化特征

尽管风速具有较强的波动性特征，但对每个台站来说，30 年气候平均的风速变化则是相对稳定的。图 3.16 分别给出了青藏高原 9 种典型类型气象站观测的近 30 年（1991 ～ 2020 年）10m 高度平均风速的逐月变化曲线。图中可见，青藏高原地区 10m 高度平均风速的月际变化特征具有明显的空间差异。

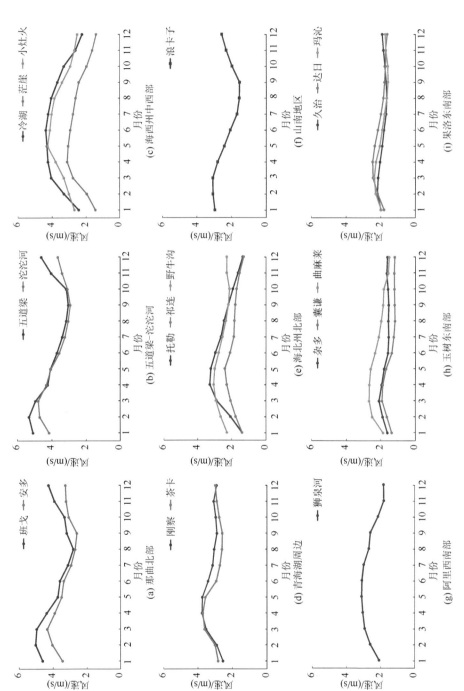

图 3.16 青藏高原 9 种典型类型气象站 1991～2020 年平均风速的月变化

那曲北部和五道梁 - 沱沱河的气象观测站位于 4500m 以上高海拔地区的空旷草原或郊区,观测的 10m 高度风速最大,班戈和五道梁气象站年平均风速超过 3.9m/s。大风月份集中在秋末至冬季(11 月至次年 2 月),其中 2 月风速最大,超过 5.0m/s;之后风速逐渐减小,夏季 8 ~ 9 月达到全年最低值,风速的月际波动较大,班戈和五道梁气象站月平均风速的标准差达到 0.74m/s 和 0.80m/s。那曲北部地区的冬季大风可能与藏北高原山脉和西风急流走向一致,极易受急流动量下传影响有关。

海西州中西部的气象观测站位于海拔 3000m 以下柴达木盆地西沿的戈壁区域,受盆地及其南北两侧高大地形的影响,该区域 10m 高度平均风速较大,冷湖气象站年平均风速达 3.6m/s。与高海拔大风区不同,该区域大风月份出现在春夏季(3 ~ 8 月),且稳定维持在 4.0 ~ 4.4m/s;秋末至冬季(11 月至次年 2 月)风速减小至全年最低值,普遍低于 2.5m/s,平均风速的月际波动也较大,冷湖站月平均风速的标准差达 0.77m/s。该区域夏季平均风速偏大可能与盆地戈壁及其南北两侧高大地形之间的季节性温度差异有关,即夏季盆地戈壁快速升温,与盆地南北两侧高大雪山之间的温差加大,增强的温度梯度产生较强的近地层风速。

青海湖周边的气象观测站位于海拔 3000 ~ 3300m 的空旷草原或郊区集镇,观测的 10m 高度年平均风速为 3.0 ~ 3.1m/s,春季(3 ~ 5 月)风速较大,超过 3.5m/s;其余月份风速偏小,为 2.5 ~ 3.0m/s;风速的月际波动不大,月平均风速的标准差普遍小于 0.4m/s,可能与青海湖水体对局地气候的调节作用有关。

海北州北部的气象观测站地处祁连山南麓中段,位于 3300m 以上高海拔草原或集镇,年平均风速一般为 1.8 ~ 2.5m/s;平均风速的季节差异较大,以托勒站为例,春季至夏初(3 ~ 6 月)平均风速超过 2.8m/s,之后逐渐减小,12 月至次年 1 月达全年最低值,不足 1.5m/s,月平均风速的标准差高达 0.67m/s。

西藏山南地区的代表气象观测站(浪卡子站)位于海拔超过 4400m 的山地,观测的 10m 高度年平均风速为 1.6 ~ 3.1m/s,大风月份集中在冬季至次年春初(12 月至次年 3 月),其中 2 ~ 3 月风速最大,超过 3.0m/s;之后风速逐渐减小,夏季 8 ~ 9 月达到全年最低值,不足 1.6m/s;风速的月际波动较大,月平均风速的标准差达 0.57m/s。

阿里西南部的狮泉河站位于海拔超过 4200m 的高原地区,但其 10m 高度的年平均风速不足 2.6m/s;玉树东南部和果洛东南部的平均风速也较小,不足 2.0m/s,且稳定少变,月平均风速标准差均小于 0.2m/s,属于风能资源欠丰富区。

3.2.2　日变化特征

除了位于柴达木盆地中部的小灶火气象站以外(图 3.17),青藏高原地区 9 种典型类型气象站 10m 高度的平均风速均呈现明显的日变化特征,且午后大风特征显著(图 3.18)。由图 3.18 可见,从上午 10 时开始风速逐渐增大,并在下午 17 ~ 18 时达到最大,随后开始逐渐减弱,早晨 7 ~ 8 时是风速最弱的时段,平均而言,白天风速明显大于夜间,风速的这种日变化主要是太阳对地表的辐射加热引起的。因此,白天特别是午后是一日中风能资源利用的最好时段。

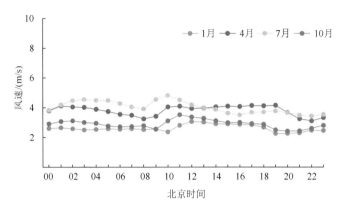

图 3.17　柴达木盆地中部（小灶火气象站）2011 ～ 2020 年平均风速的日变化

　　青藏高原地区午后大风特征具有季节和区域差异性。总体而言，午后大风特征最显著的季节是春季（4月，红线），那曲北部、五道梁 - 沱沱河和山南地区的冬季（1月，蓝线）午后风速的增幅也很明显，其余区域的冬季午后风速增加较弱；除海西州西部和海北州北部以外，其他大部地区夏季（7月）午后风速的增幅最小。

　　玉树东南部和果洛东南部春季（4月）和冬季（1月）午后大风明显，尤其冬季（1月）的午后风速的增幅最明显。

3.2.3　年平均风速变化特征

　　青藏高原地区的年平均风速同样具有波动性变化特征，表 3.1 给出了青藏高原 9 种典型类型气象站 1991 ～ 2020 年平均风速变化趋势，其中冷色代表负趋势，暖色代表正趋势，颜色越深，变化趋势的绝对值越大。总体而言，近 30 年（1991 ～ 2020 年）青藏高原大部地区，如那曲北部、五道梁 - 沱沱河、海西州中西部、青海湖周边、山南地区及果洛东南部等地 10m 高度年平均风速呈减小特征，每 10 年减小 0.05 ～ 0.20m/s，其中安多站和刚察站的风速减小幅度超过 0.23（m/s）/10a（表 3.1 和图 3.19）；海北州北部、玉树东南部和阿里西南部地区的少量站点年平均风速呈现增大趋势，每 10 年增加 0.14 ～ 0.18m/s（表 3.1 和图 3.19），可见海北州北部年平均风速的长期变化趋势有利于该地区的风能资源开发利用。

　　将青藏高原地区 23 个气象站近 30 年（1991 ～ 2020 年）10m 高度年平均风速从小到大进行排序，如图 3.20 所示。图中暖色越深，年景排序越小，所在年份的小风特征越明显；冷色越深，年景排序越大，所在年份的大风特征越明显。图中可见，2013 年为青藏高原地区最典型的小风年份，23 个气象站中有 18 个站的年景排序小于 10，其次 1997 年也是青藏高原地区典型的小风年份；1991 年为青藏高原地区最典型的大风年份，23 个气象站中有 19 个站的年景排序超过 20。近 20 年来看，2006 年和 2016 年也是青藏高原地区的大风年份，23 个气象站中有 16 个站的年景排序 ≥ 17，区域风场特征的一致性较好；2007 年为典型的平风年份，23 个气象站中有 12 个站的年景排序介于 10 ～ 20，除曲麻莱外，其余气象站的年景排序均未大于 25 或小于 5。

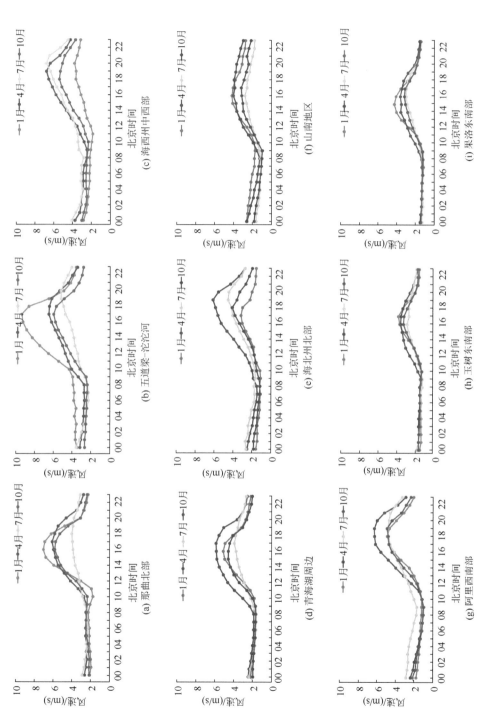

图 3.18　青藏高原 9 种典型类型 2011 ~ 2020 年平均风速的日变化

表 3.1 青藏高原 9 种典型类型气象站 1991 ～ 2020 年平均风速变化趋势

类型名称		气象站	变化趋势 /[m/(s·10a)]	类型名称		气象站	变化趋势 /[m/(s·10a)]
类型 I	那曲北部	班戈	−0.07	类型 V	海北州北部	野牛沟	0.05
		安多	−0.23**			祁连	0.00
类型 II	五道梁 - 沱沱河	五道梁	−0.04	类型 VI	山南地区	浪卡子	−0.10**
		沱沱河	−0.14**	类型 VII	阿里西南部	狮泉河	0.16**
类型 III	海西州中西部	冷湖	−0.07	类型 VIII	玉树东南部	杂多	0.18**
		茫崖	−0.14**			曲麻莱	−0.04
		小灶火	−0.10**			囊谦	0.14**
类型 IV	青海湖周边	茶卡	−0.19**	类型 IX	果洛东南部	久治	−0.05**
		刚察	−0.29**			达日	−0.03
类型 V	海北州北部	托勒	0.18**			玛沁	−0.11**

** 代表变化趋势通过了 95% 的信度检验。

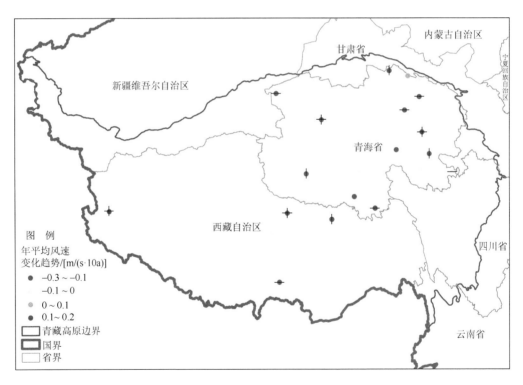

图 3.19 青藏高原地区 23 个气象站近 30 年平均风速的变化趋势

图中黑色十字代表该站的年平均风速变化趋势通过了 95% 的信度检验

年份	茫崖	冷湖	托勒	野牛沟	祁连	小灶火	刚察	茶卡	五道梁	兴海	浪卡子	狮泉河	班戈	安多	沱沱河	杂多	曲麻莱	玛多	玛沁	达日	久治	索县	囊谦
1991	29	29	5	25	30	30	30	24	29	30	27	30	30	28	30	11	22	30	28	30	20	24	14
1992	25	28	1	30	29	24	28	26	14	29	29	11	29	27	26	14	23	20	29	29	23	15	10
1993	30	30	2	2	28	27	24	18	9	21	28	9	28	26	27	7	29	28	26	16	30	11	9
1994	28	27	3	1	27	26	26	13	5	23	22	16	27	25	29	1	27	15	22	26	25	18	11
1995	27	4	4	3	11	12	29	28	26	8	23	5	3	30	28	3	10	14	24	15	26	16	12
1996	23	2	8	21	4	15	27	29	28	20	16	15	16	29	25	13	28	25	27	20	14	13	8
1997	10	11	12	14	7	10	19	9	2	15	30	2	1	10	1	8	1	4	4	1	17	3	4
1998	20	20	15	4	8	8	18	8	17	25	18	1	15	12	19	9	26	9	17	13	13	1	2
1999	8	6	10	6	2	18	17	19	15	11	9	6	25	14	22	10	15	13	30	10	21	6	6
2000	12	8	11	13	5	25	15	21	3	26	10	4	10	6	2	2	5	16	23	7	7	2	1
2001	19	9	13	24	6	28	25	20	10	28	25	3	13	23	5	4	20	23	1	2	5	7	5
2002	13	21	7	20	3	29	20	22	7	19	11	14	2	22	14	5	13	26	7	5	4	5	3
2003	11	15	6	15	1	1	22	12	19	17	24	29	7	15	7	6	24	24	25	4	1	14	7
2004	26	18	26	23	17	19	21	11	8	24	3	12	24	7	9	23	17	29	21	27	28	10	23
2005	22	14	14	18	12	22	13	6	16	16	4	7	26	1	15	19	16	27	20	28	29	12	17
2006	24	22	20	16	15	17	12	14	24	22	2	24	19	24	24	28	19	17	13	23	24	4	20
2007	17	10	24	9	18	9	14	23	6	18	12	21	22	16	11	24	3	12	14	19	22	8	15
2008	16	3	23	17	23	5	10	25	11	14	7	20	5	4	8	12	7	8	11	9	27	9	16
2009	14	16	22	7	9	13	16	27	27	12	13	28	9	8	21	25	25	19	19	21	19	21	28
2010	21	24	28	26	22	2	23	30	12	27	8	10	14	11	10	17	6	18	10	22	10	20	18
2011	6	13	19	10	16	7	6	16	20	7	5	13	20	5	6	15	4	10	6	17	6	17	13
2012	9	19	27	12	10	4	4	15	23	10	6	19	17	3	4	21	9	11	18	24	12	25	19
2013	2	7	18	5	13	3	8	1	1	5	1	8	4	2	3	20	2	1	2	8	2	19	21
2014	4	12	17	28	25	6	9	2	18	4	26	26	23	21	23	18	14	5	5	18	18	29	25
2015	15	26	29	27	24	23	7	7	25	9	14	17	12	17	13	27	18	21	15	14	16	27	22
2016	18	25	30	29	26	21	11	17	21	13	21	22	8	9	16	29	21	22	16	25	8	30	29
2017	7	17	21	19	20	20	3	10		6	19	23	11	19	17			7	12	6	9	22	
2018	5	23	25	22	21	16	5	5	22	2	20	25	6	20	18	26	12	6	8	3	11	28	24
2019	3	5	16	11	19	14	2	4	13	3	17	18	18	18	20	16	11	2	9	12	15	26	27
2020	1	1	9	8	14	11	1	3	4	1	15	27	21	13	12	22	8	3	3	11	3	23	26

图 3.20　青藏高原地区 23 个代表气象站 1991 ～ 2020 年逐年平均风速从小到大的年景排序

3.3　地面至 300m 高度的风环境特征

近年来，风电机组向着大型化发展，全球单机容量最大的海上 15MW 风电机组叶轮直径达 236m，我国陆上单机容量最大的 5MW 风电机组叶轮直径达到 175m。假定叶片距离地面高度为 20 ～ 30m 的话，风电机组叶尖高度可达 195 ～ 270m，这个高度超出了现有大气边界层近地层相似理论的适用范围。大气边界层底层厚度的 10% 为近地层，高度大约 100 多米，其中地表摩擦力与气压梯度力平衡；而近地层以上则是科里奥利力、地表摩擦力与气压梯度力三力平衡，风速随高度的变化不能再用单调函数描述（Kaimal and Finnigan，1994）。大气运动驱动下的地形作用容易导致风剪切，形成局地大气环流和微气候（Fernando et al.，2019），主要包括山谷风、斜坡流、间隙流、地形尾流、冷池和重力波等。它既是动力和热力共同驱动的结果，同时也是受局部地形、地表覆盖、湿度、坡向遮挡和云遮挡及其变化影响的结果（Serafin et al.，2018）。有研究认为 200m 高度左右的超低空急流是重要的风能资源（Emeis，2014；Wimhurst and Greene，2019），还有研究发现计算风力机发电量时如果不考虑超低空急流，就会明显低估发电量（Greene et al.，2009；Lmpert et al.，2016）。风力发电利用的是大气环流与地形相互作用以后形成的局地风，其分布特征与大气运动的方向、山脉走向、地形起伏程度、地表覆盖类型、温度层结和空气密度等紧密相关。

青藏高原地形地貌独特，既有大起伏的高山和极高山，也有开阔湖盆和宽谷，还有陡峭而绵长的峡谷，且很多山峰常年积雪，冬季积雪覆盖面积更大。因此，青藏高原的风能资源一定具有很显著的局地特征。根据国家青藏高原科学数据中心的亚洲高山区 30km 网格雪线高度数据（2001～2019 年）（Tang et al.，2020；王晓茹等，2019）研究分析表明，青藏高原雪线高度分布表现为由高原内部向四周呈环状逐渐降低的特点。唐古拉山和念青唐古拉山一带的雪线较高，达 6200～6500m；那曲市和藏南谷地的雪线高度基本为 5900～6200m；阿里地区的雪线高度较低，为 5000～5600m。青藏高原太阳辐射强烈，日出以后，山峰的雪面与谷地的裸土之间的温差迅速加大，水平气压梯度力增加，午后导致从山上吹向谷地的山风，也称为冰川风，形成青藏高原独特的风能资源。

中国气象局探空气象观测业务采用 L 波段无线电雷达，探空站每日北京时间 8 时和 20 时释放球载电子探空仪，每秒钟可获得一组风向、风速、温度、湿度和位势高度探测数据，探测高度可达 30km。通过对探空气象观测资料的分析，可以认识针对风能开发的青藏高原风环境特征。对青藏高原上 2014～2018 年 12 个探空站气象观测资料分析表明，青藏高原地面至 300m 高度范围内的风速随高度分布均呈上下两层式分布（图 3.21）。其原因是日落以后，受地面太阳辐射冷却作用，新的稳定近地层在原先的大气边界层底部生成，稳定近地层以上为残余层，此时残余层中风速变化与其下的稳定近地层风速变化关系解耦，形成风速廓线的两层分布形态，这种状态一直持续到次日早晨，直到太阳辐射加热地面产生足够的垂直热量混合，使稳定近地层消失。近地层内外主导大气运动的作用力不同。在近地层内地表摩擦力与气压梯度力二力平衡，而近地层以上则是科里奥利力、气压梯度力和地表摩擦力三力平衡。探空站观测时间是北京时间 8 时和 20 时，因此，研究表明，8 时和 20 时的风速探空曲线在大多数情况下是呈两层分布的（朱蓉，2022）。

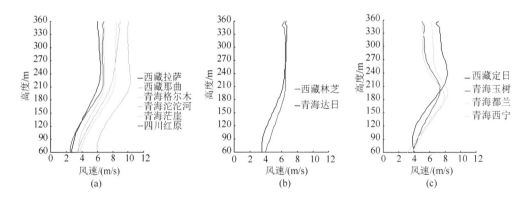

图 3.21　青藏高原上 12 个探空站的风速平均探空曲线（2014～2018 年）

青藏高原上 12 个探空气象站 300m 高度范围内风速平均探空曲线的上、下层风速随高度变化率和转折高度见表 3.2。在对风速探空曲线进行气候分析中，认定每百米风速随高度变化小于 0.5m/s 时，即风速随高度无变化。分析结果表明，12 个站的平均探空曲线大致可分为三种类型：一类，探空曲线下层风速随高度增加快，达每百米 2.0～2.9m/s，上层风速随高度几乎不变，转折高度较高，达 214～242m；二类，探空曲线下层风速随高度增加较慢，约每百米 1.8m/s，上层风速随高度几乎不变，转折高度比一类低，达 203～208m；三类，主要是探空曲线的上层出现风速负切变，每百米风速减小 1.3～2.4m/s，同时下层风速随高度增加很快，达每百米 2.4～3.8m/s，除西藏定日站转折高度达 236m 以外，其他站的转折高度均较低，在 184～195m。

表 3.2　青藏高原 300m 高度范围内风速垂直分布的气候特征

类别	站名	下层 /[m/(s·100m)]	上层 /[m/(s·100m)]	转折高度 /m
一类	西藏拉萨	0.020219	-0.00339	242
	西藏那曲	0.026857	0.007463	236
	青海格尔木	0.028758	0.002326	214
	青海沱沱河	0.028387	-0.00361	216
	青海茫崖	0.021429	-0.00123	218
	四川红原	0.026923	-0.00119	215
二类	西藏林芝	0.01773	0	203
	青海达日	0.018243	0.004348	208
三类	西藏定日	0.024157	-0.0125	236
	青海玉树	0.025373	-0.01887	195
	青海都兰	0.034091	-0.01698	191
	青海西宁	0.038211	-0.02393	184

　　一类探空站都位于宽谷、盆地或湖盆地区，虽然大地形中有中、大起伏高山或极高山，但局地宽阔平坦。例如，西藏拉萨站位于念青唐古拉山南侧的拉萨河谷地区，喜马拉雅山坐落于其正南方向，属于雅鲁藏布中、大起伏高山河谷地貌；西藏那曲站位于念青唐古拉山西段西侧，属于怒江源中、小起伏山原宽谷地貌；青海格尔木站位于柴达木盆地中北部、昆仑山脉的沙松乌拉山与布尔汗布达山交接地的北侧，属于柴达木高中盆地地貌；青海沱沱河站位于唐古拉山以北的青海高原上，其正西方向有祖尔肯乌拉山，西北方向有乌兰乌拉山，海拔 4614m，属于中起伏高山湖盆地貌；青海茫崖站位于柴达木盆地的最西端、昆仑山脉的祁漫塔格山与阿尔金山脉的阿哈提山之间盆地中，属于柴达木高中盆地地貌；四川红原站地处巴颜喀拉山东段的末端，其东南方向就是邛崃山，属于中、小起伏高中山原宽谷地貌。因此，一类探空站 300m 以下风速探空曲线表现出稳定大气边界层的典型特征：近地层以下风速随高度增加较快，每百米增加 2.0～2.9m/s；而近地层以上风速随高度近似不变。对比平原地区处于开阔平坦地区探空站（海南三沙站转折高度为 188m、甘肃敦煌站转折高度为 192m、内蒙古二连浩特站转折高度为 154m、云南昆明站转折高度为 171m、广东阳江站转折高度为 182m），青藏高原一类探空站的风速探空曲线转折高度相对较高，达到 214～242m。

　　二类探空站，即西藏林芝站和青海达日站最显著的特点是风速探空曲线的下层风速随高度增加较慢。这是由河谷地区受周边地形的热力和动力强迫作用，垂直动量混合加强的原因造成的。西藏林芝站位于喜马拉雅山末端的西北部、念青唐古拉山南侧、雅鲁藏布江北岸，属于雅鲁藏布中、大起伏高山河谷地貌；青海达日站位于巴颜喀拉山东段的黄河河谷地区，属于江河上游中、大起伏高山山原河谷地貌。西藏林芝站和青海达日站风速探空曲线的转折高度分别为 203m 和 208m，比一类探空站风速探空曲线的转折高度低十几米，这也是河谷地区近地层大气垂直运动加强所造成的。

三类探空站，即青海西宁站、青海都兰站、青海玉树站和西藏定日站风速探空曲线的显著特点是上层出现风速负切变。出现负切变的原因一般是边界层局地大气环流作用的结果，如山体顶部的气流过山加速、山体两侧的气流绕流加速、太阳辐射冷却或增温导致的山谷风局地环流等。青海都兰站位于柴达木盆地东南边缘，三面环山，北有宗务隆山，东邻鄂拉山，南有布尔汗布达山。青海都兰站地势平坦、开阔，属于柴达木高中盆地地貌。图 3.22 是青海都兰站 3 个典型探空曲线个例，2017 年 12 月 5 日 8 时和 2016 年 4 月 2 日 20 时是 2 个超低空急流个例，2018 年 1 月 29 日 20 时是正常的稳定层结大气探空曲线。超低空急流是指 300m 以下低层大气边界层内，风速自地面随高度呈线性迅速增加至最大值，增量为 10 ～ 20m/s，甚至更大；风速达到最大值后又随高度升高迅速减小或缓慢减小。从图 3.22 可以看出，正常情况下，如 2018 年 1 月 29 日 20 时，温度垂直变化为逆温，每百米温度增加 0.5K；风速随高度明显增加，大约每百米增加 1.3m/s；600m 高度以下风向没有明显转向，基本为西北西风（WNW）。有超低空急流出现时，温度垂直变化呈较强的逆梯度或等温分布；在风速最大值出现高度的上方 20 ～ 40m 高度风向发生逆转；400m 高度以上的风速比较小。说明大气环流背景风场很弱时，近地层风场以局地大气环流为主导。2017 年 12 月 5 日 8 时，温度探空曲线在 300m 高度以下表现为较强的逆温，尤其是 200 ～ 300m 高度层逆温强度达到每百米增加 4.4K；400 ～ 600m 高度的平均风速为 3.5m/s，最大风速达到 32.4m/s，出现在 172m 高度；地面至 214m 高度的风向均为南南西风（SSW），210m 高度及其以上突然转向近 90°，变为东南东风（ESE）。2016 年 4 月 2 日 20 时，600m 高度以下温度随高度升高几乎没有变化；400 ～ 600m 高度的平均风速为 7.1m/s，最大风速达到 21.5m/s，出现在 210m 高度；地面至 240m 高度的风向均为南风，240m 高度及其以上突然转向 90 多度，变为西北西风（WNW）。青海都兰站与其北面的宗务隆山的高差可达 800 ～ 1000m，日落后的辐射冷却造成了山顶与都兰上空大气的水平温差，由此导致了从宗务隆山吹向都兰的南风风向的下坡风或山风。2017 年 12 月 5 日 8 时大气环流背景风场非常弱，山风造成的低空急流最大风速较大，超过了 30m/s；2016 年 4 月 2 日 20 时大气环流背景风场不是很弱，低空急流的发展受到一定的抑制，最大风速没有超过 25m/s。在 200m 高度以上低空急流逐渐与大气环流背景风场融合，风向偏转到与背景风场一致。都兰站的风速垂直分布是地形导致的局地大气环流与天气尺度背景大气环流叠加的结果，因此其风速探空曲线受局地大气水平运动影响，出现下层风速正切变、上层风速负切变的现象。

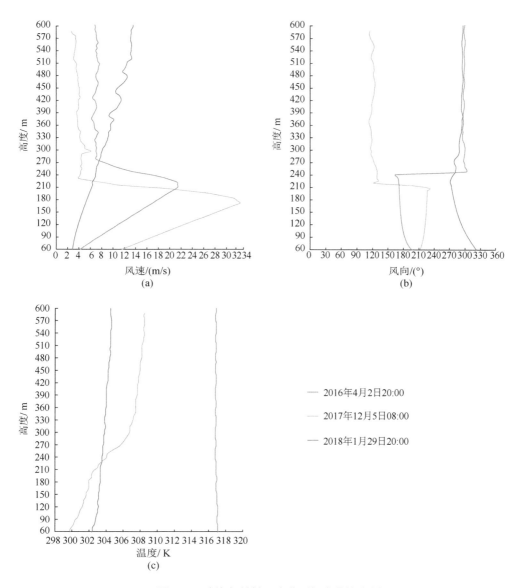

图 3.22 青海都兰站 3 个典型探空曲线个例

　　青海西宁站位于祁连山地东部,处于达坂山、拉脊山、日月山等群山环抱的东西走向河谷中,属于黄湟高中河谷盆地地貌。西藏定日站地处喜马拉雅山与拉轨岗日山之间的东西走向谷地,属于大、中起伏高山和极高山盆地地貌。青海都兰站地处柴达木盆地东南边缘,属于高山与盆地地貌。因此,在大气环流背景场较弱的情况下,地形热力作用是由超低空急流造成的。西藏定日站所处的谷地相对狭小,与南面喜马拉雅山的高度差超过 2000m,因此西藏定日站风速探空曲线上下层的转折高度较高。2014 ~ 2018 年,青海都兰站出现超低空急流现象的概率分别为 0.8%、7.9%、9.7%、5.9%

和 0.4%；青海西宁站出现的概率分别为 4.1%、4.1%、0.8%、0% 和 0.3%；西藏定日站出现的概率分别为 1.3%、0.9%、0.9%、0.9% 和 2.5%。青海玉树站位于唐古拉山和巴颜喀拉山之间的高山峡谷中，海拔 3682m，属于金沙江上游中、大起伏高山山原峡谷地貌。青海玉树站发生超低空急流的概率很低，但是地形导致的局地大气环流对风速垂直分布的影响还是比较明显的。图 3.23 给出了青海玉树站 4 个时次的探空曲线，风速探空曲线上的局部加速会伴随着风向的偏转，偏转角度为 60° ～ 90°。

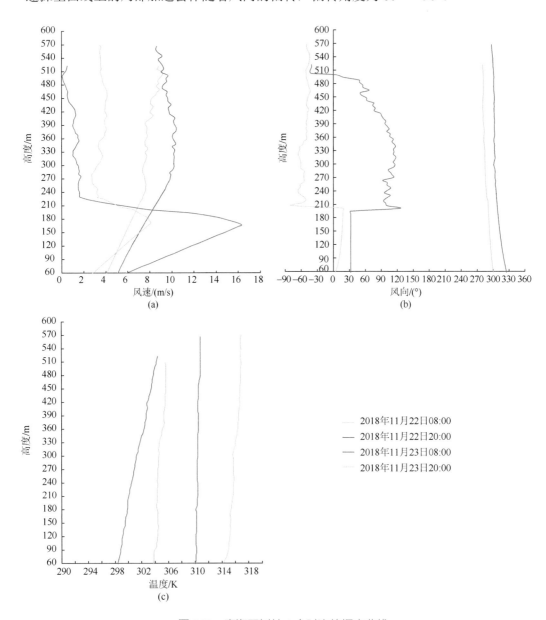

图 3.23　青海玉树站 4 个时次的探空曲线

3.4　风能资源气候特征

　　2008 ～ 2012 年中国气象局在国家发展和改革委员会和财政部"全国风能资源详查和评价"专项的支持下,建设了覆盖全国的风能资源专业观测网,并采用规范、统一的标准观测运行(中国气象局,2014)。本书选取青藏高原上有效数据完整率超过90% 的 14 个测风塔(图 3.24),分别代表青藏高原的 5 个地区,测风塔小苏干湖、茫崖、黄瓜梁、茶冷口、小灶火、诺木洪和德令哈代表柴达木盆地;测风塔快尔玛和刚察代表青海湖周边;测风塔沙珠玉和过马营代表共和盆地;测风塔巴日塘和罗玛代表藏北高原东部;测风塔白沙代表横断山区。由于藏南谷地和藏北高原西部缺乏测风塔测风数据,本书在阿里地区日土县、日喀则市定日县、山南市措美县和拉萨市当雄县采用声雷达测风设备,开展了短期垂直风特性观测实验(图 3.24),以补充对藏南谷地和藏北高原西部风能资源特性的认识。

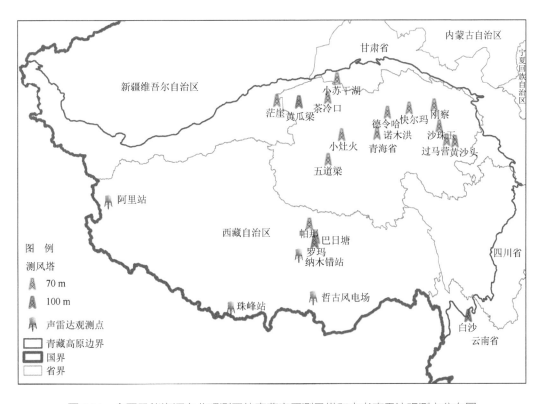

图 3.24　全国风能资源专业观测网的青藏高原测风塔和本书声雷达观测点分布图

3.4.1　柴达木盆地风能资源特性

　　柴达木盆地是一个被昆仑山、阿尔金山、祁连山等高大山体环抱的盆地,海拔为2600 ～ 3000m,是中国四大盆地之一。柴达木盆西北侧是属阿尔金山系的阿哈提山和安南坝山；北侧是属祁连山系的土尔根达坂山和宗务隆山；西南和南侧是属昆仑山系的祁漫塔格山、沙松乌拉山和布尔汗布达山；东侧有昆仑山支脉鄂拉山。四周的高大山体均高出柴达木盆地 1000 ～ 2000m。

根据代表柴达木盆地的 7 座测风塔的实测气温、气压、相对湿度数据，计算出各测风塔 70m 高度（近似为风机轮毂高度）观测年度和各月平均空气密度值结果，如表 3.3 所示。可以看出，柴达木盆地的空气密度值的变化范围在 0.839 ～ 0.949kg/m³，7 ～ 8 月空气密度最低，1 月和 12 月空气密度最高。年平均空气密度值最高的测点是茶冷口，最低的测点是茫崖，这是因为茫崖测风塔所在位置比茶冷口测风塔处的海拔高出 267m。

表 3.3　测风塔各月、年平均空气密度　　　　　　　（单位：kg/m³）

测风塔	1 月	2 月	3 月	4 月	5 月	6 月	7 月	8 月	9 月	10 月	11 月	12 月	年
茫崖	0.911	0.899	0.888	0.879	0.864	0.851	0.841	0.842	0.860	0.881	0.905	0.915	0.878
黄瓜梁	0.944	0.930	0.918	0.905	0.888	0.872	0.860	0.866	0.884	0.908	0.936	0.957	0.906
茶冷口	0.949	0.934	0.924	0.910	0.887	0.870	0.855	0.865	0.884	0.913	0.940	0.958	0.907
小灶火	0.924	0.910	0.903	0.892	0.876	0.861	0.847	0.853	0.869	0.893	0.918	0.937	0.890
诺木洪	0.923	0.907	0.904	0.888	0.868	0.860	0.845	0.850	0.863	0.889	0.915	0.935	0.887
德令哈	0.919	0.903	0.894	0.881	0.861	0.855	0.839	0.841	0.857	0.887	0.909	0.924	0.881
小苏干湖	0.939	0.922	0.913	0.901	0.881	0.863	0.850	0.859	0.874	0.904	0.927	0.950	0.898

从 7 座测风塔的风速和风功率密度等风能参数的计算分析结果来看（表 3.4，图 3.25），年平均风速从大到小依次为茫崖、诺木洪、小苏干湖、茶冷口、小灶火、黄瓜梁、德令哈；在 3 ～ 25m/s 风能利用的有效风速段中，有效风功率密度从大到小依次为诺木洪、茫崖、小灶火、小苏干湖、茶冷口、黄瓜梁、德令哈。茫崖的年平均风速比诺木洪大，但是由于超过 25m/s 的风速出现概率略大，所以有效风功率密度就比诺木洪小一些。小苏干湖和茶冷口也是同样，虽然年平均风速比小灶火大，但是有效风功率密度比小灶火小。根据中华人民共和国国家标准《风电场风能资源评估方法》（GB/T 18710—2002），茫崖、诺木洪、小苏干湖的风功率密度等级分别为 4 级、2 级和 4 级；茶冷口、小灶火、黄瓜梁和德令哈的风功率密度等级均为 1 级。茫崖和小苏干湖都达到了"好"应用于并网风力发电水平；在观测年中，茫崖和小苏干湖的 70m 高度最大风速分别为 27.4m/s 和 32.2m/s，极大风速分别为 31.0m/s 和 34.7m/s，茫崖、小苏干湖的 70m 高度 50 年一遇 10min 最大风速分别为 44.2m/s 和 38.5m/s，折算到标准空气密度下的 70m 高度 50 年一遇 10min 最大风速分别为 31.6m/s 和 34.7m/s（表 3.5），极端风速对风电场机组的破坏性风险不大。诺木洪的 70m 高度年平均风速和平均风功率密度以及有效风功率密度分别为 7.0m/s、343.3W/m² 和 627.3W/m²，适合采用高轮毂风电机组开展风力发电。

表 3.4   7 座测风塔的风速和风功率密度统计分析结果

测风塔	测风高度 /m	3～25m/s 时数 百分率 /%	平均风速 /(m/s)	最大风速 /(m/s)	极大风速 /(m/s)	平均风功率密度 /(W/m²)	有效风功率密度 /(W/m²)
茫崖	10	77.8	6.3	23.4	29.4	261.7	558.4
	30	78.8	7.0	25.3	30.1	378.0	564.9
	50	78.8	7.4	27.2	31.6	444.7	565.1
	70	77.8	7.5	27.4	31.0	459.4	559.2
黄瓜梁	10	55.8	4.0	17.7	21.5	88.4	407.3
	30	59.1	4.5	19.9	23.1	126.1	430.8
	50	61.1	4.7	20.3	23.2	141.6	445.3
	70	66.3	5.1	22.0	24.6	187.5	482.3
	100	62.9	5.2	23.0	25.3	197.2	476.6
茶冷口	10	50.6	4.1	18.9	21.9	114.7	368.8
	30	63.5	4.9	20.7	23.5	165.4	463.1
	50	66.2	5.2	20.8	23.5	183.4	483.8
	70	66.9	5.3	21.1	23.5	196.4	488.9
小灶火	10	77.4	4.8	15.9	19.1	93.8	536.9
	30	81.0	5.0	17.2	19.9	119.0	517.1
	50	76.9	5.1	18.8	21.4	120.1	556.3
	70	75.5	5.2	19.5	22.0	127.6	546.7
诺木洪	10	84.8	5.6	20.0	25.0	160.7	618.8
	30	87.3	6.5	23.4	27.8	255.9	635.8
	50	86.6	6.8	24.3	27.8	294.1	631.9
	70	86.1	7.0	25.5	29.0	343.3	627.6
德令哈	10	48.9	3.5	16.6	21.6	55.3	356.5
	30	59.3	4.1	18.6	23.1	86.0	431.4
	50	62.6	4.5	19.6	23.6	108.0	457.2
	70	63.7	4.6	20.3	24.1	121.3	463.1
小苏干湖	10	58	5.8	26.2	32.5	307.9	509.9
	30	57	6.2	28.4	32.3	407.9	500.8
	50	56	6.3	30.5	33.5	429.6	489.4
	70	57	6.6	32.2	34.7	506.5	495.0

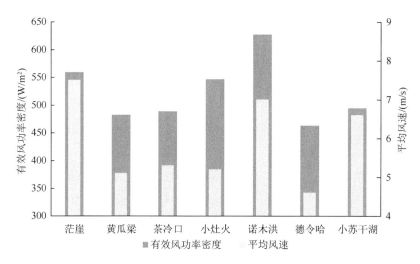

图 3.25　柴达木盆地 7 座测风塔的年平均风速和有效风功率密度

表 3.5　柴达木盆地 7 座测风塔的 50 年一遇最大风速　（单位：m/s）

测风塔	参证气象站	10m 高度 50 年一遇 10min 最大风速	70m 高度 50 年一遇 10min 最大风速	标准空气密度下 70m 高 50 年一遇 10min 最大风速
小苏干湖	瓜州	28.2	38.5	34.7
茫崖			44.2	31.6
黄瓜梁	茫崖	34.0	36.4	26.9
茶冷口			38.0	28.2
小灶火			38.2	25.9
诺木洪	小灶火	22.8	40.1	27.6
德令哈			39.4	28.3

　　从柴达木盆地 7 座测风塔的风速和风能频率分布统计结果来看（图 3.26），所有测风塔 70m 高度 3 ～ 25m/s 风速段出现频率占比均在 60% ～ 90%。在风电机组启动风速到满发风速之间，即 3 ～ 10m/s 风速段内，小灶火占比最大，达 76%，其后依次为诺木洪（70%）、德令哈（64%）、茶冷口（63%）、黄瓜梁（63%）、茫崖（56%）、小苏干湖（34%）。在风电机组满发风速到切出风速之间，即 10 ～ 25m/s 风速段，小苏干湖占比最大，达到 28%，其后依次为茫崖（20%）、诺木洪（19%）、黄瓜梁（10%）、茶冷口（10%）、小灶火（6%）和德令哈（6%）。在观测年内，测风塔小苏干湖在 70m 高度 10 ～ 25m/s 风速段的有效风力小时数达 2501h，其后依次为茫崖（2495h）、诺木洪（1865h）、茶冷口（1119h）、黄瓜梁（1018h）、德令哈（624h）、小灶火（615h）。小苏干湖风能频率在 10 ～ 25m/s 风速段占比最高，达到 93%，其后依次为茫崖（82%）、诺木洪（76%）、黄瓜梁（73%）、茶冷口（69%）、德令哈（61%）、小灶火（48%）。总体来看，茫崖、小苏干湖和诺木洪的风能资源条件更好些。

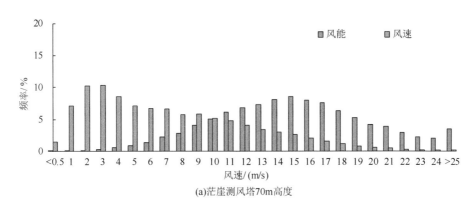

(a)茫崖测风塔70m高度

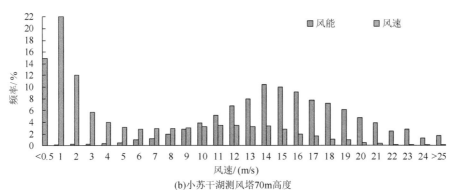

(b)小苏干湖测风塔70m高度

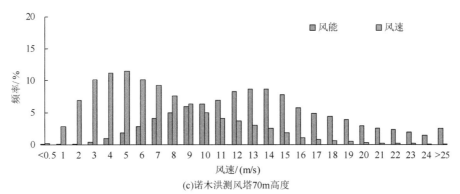

(c)诺木洪测风塔70m高度

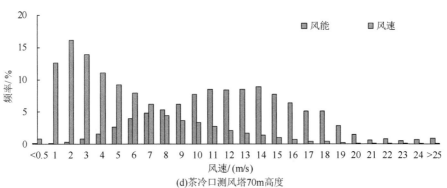

(d)茶冷口测风塔70m高度

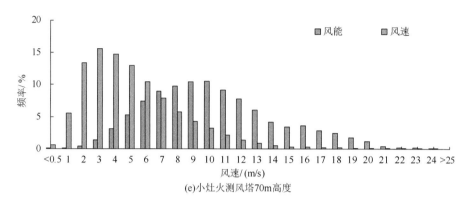

(e)小灶火测风塔70m高度

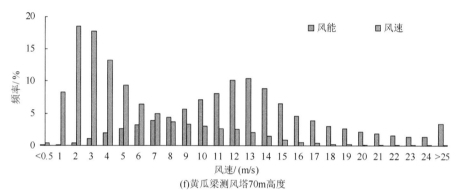

(f)黄瓜梁测风塔70m高度

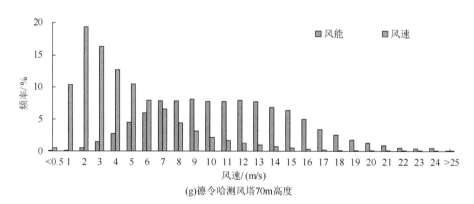

(g)德令哈测风塔70m高度

图 3.26   柴达木盆地 7 座测风塔的风速和风能频率分布

　　测风塔小苏干湖、茫崖和诺木洪观测年的主导风向和风能频率最高的风向是一致的（图 3.27）。小苏干湖的主导风向是北北东，这是因为测风塔位于阿尔金山系的安南坝山最东端的南侧，西风气流的青藏高原北支绕流经过天山山脉后向南折转，从阿尔金山东段进入柴达木盆地，小苏干湖主要是受从安南坝山与党河南山之间的谷地进入的北风气流影响，所以主导风向是北北东，在地形的影响下，大风和小风频率都比较高。茫崖测风塔位于阿尔金山中段、海拔 4642m 的阿卡托山南侧，西风气流受阿卡托山的阻挡产生向南的绕流，日落后还会形成山风南下，茫崖测风塔观测到的主导风向是西北风；

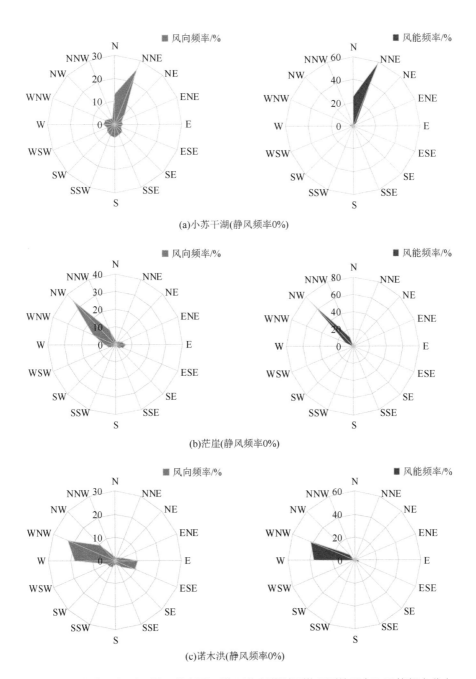

图 3.27　小苏干湖测风塔、茫崖测风塔和诺木洪测风塔观测的风向和风能频率分布

同时，茫崖测风塔所在地也是阿尔金山与昆仑山系的祁漫塔格山之间的东西向狭长谷地，地形对西风气流起到加速作用，因此，茫崖测风塔处的年平均风速比较高。诺木洪测风塔位于柴达木盆地东部、布尔汗布达山北侧以及阿木尼克山的南侧，柴达木盆地东部北部分布着众多属于祁连山系的西北－东南走向的小起伏中低山，柴达木盆地中的

西北气流走到东部后，由于地形变得狭窄而发生汇聚，流速加快，因此诺木洪测风塔观测到的主导风向为西北西，10～25m/s 风速段的有效风力小时数比较高。

柴达木盆地内，靠近山体位置的主导风向非常突出，处于盆地中间开阔地带的主导风向相对发散。茶冷口测风塔位于柴达木盆地最北部、阿尔金山系的安南坝山南侧，此处北风气流从阿尔金山北侧翻越进入柴达木盆地，因此，茶冷口主导风为西北风，且出现频率近 50%。德令哈测风塔紧靠祁连山系的宗务隆山南侧，宗务隆山近似东西走向，因此，德令哈测风塔观测的主导风向是东风，西风也有一定比例，风能频率最高的是东和西两个方向。测风塔黄瓜梁和小灶火周边地形开阔，因此主导风向是西北方向大于 45° 角的范围内（图 3.28）。

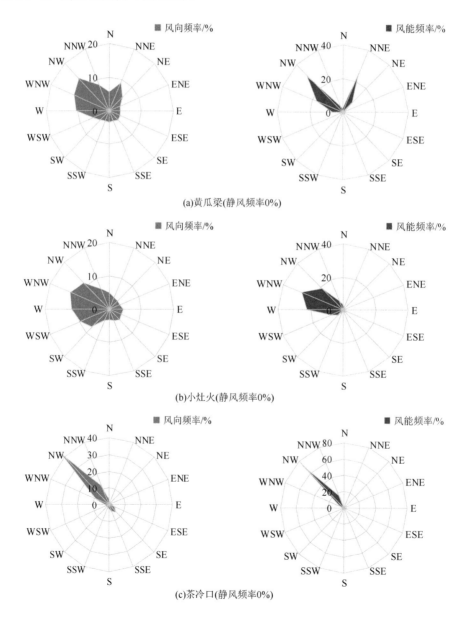

(a)黄瓜梁(静风频率0%)

(b)小灶火(静风频率0%)

(c)茶冷口(静风频率0%)

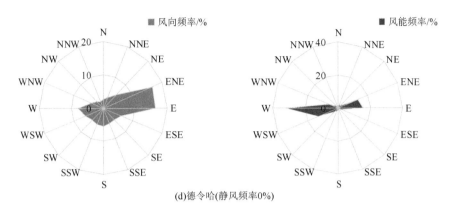

(d)德令哈(静风频率0%)

图 3.28　黄瓜梁测风塔、小灶火测风塔、茶冷口测风塔和德令哈测风塔观测的风向和风能频率分布

　　图 3.29 是柴达木盆地 7 座测风塔观测到的年平均风廓线，其中实线为观测风廓线，虚线是根据各高度平均风速通过相似理论的指数律拟合得到的风廓线，可以看出，除了处于盆地中部的小灶火测风塔以外，其他测风塔的观测风廓线与指数律拟合风廓线都在局部有一点偏差。德令哈测风塔的风切变指数最大，为 0.124，其后依次为黄瓜梁测风塔（0.119）、茶冷口测风塔（0.103）、诺木洪测风塔（0.099）、小苏干湖测风塔（0.083）和茫崖测风塔（0.077）。德令哈测风塔处于一个背风区，北侧有宗务隆山，西北和西方向有巴润乌拉山和阿木尼克山，因此，德令哈测风塔的近地层风速小、稳定层结条件较多，风切变较大；茫崖测风塔和小苏干湖测风塔受地形动力强迫作用，近地层大气垂直运动增强了上下层气流的交换，因此，风速切变较小。

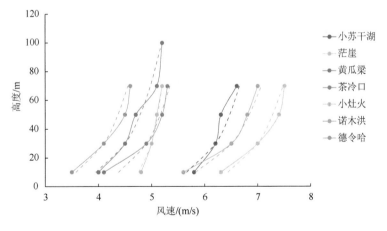

图 3.29　柴达木盆地的 7 座测风塔观测的年平均风廓线
实线：观测；虚线：指数律拟合

　　在风速超过 15m/s 的情况下，除茫崖测风塔以外，其他测风塔处的湍流强度随高度的变化均呈减小趋势，因为高度越高，地表摩擦对气流的动力影响越小（表 3.6）。茫崖测风塔受其北侧阿卡托山的动力和热力作用，会形成近地层局地大气环流和湍流，

导致 50m 和 70m 高度的湍流强度高于 10m 和 30m。此外，柴达木盆地东部的湍流强度比西部大，因为西部是宽阔的戈壁和沙漠，东部则被祁连山系的中、小起伏山地分割出小型山间盆地，增加了地表摩擦作用，导致湍流强度增加。

表 3.6　柴达木盆地 7 座测风塔不同高度的湍流强度

测风塔	年平均湍流强度					风速 15m/s 时的湍流强度				
	10m	30m	50m	70m	100m	10m	30m	50m	70m	100m
小苏干湖	0.31	0.30	0.29	0.29		0.10	0.10	0.08	0.08	
茫崖	0.24	0.23	0.28	0.26		0.12	0.11	0.17	0.13	
黄瓜梁	0.28	0.26	0.25	0.24	0.24	0.11	0.09	0.08	0.08	0.07
茶冷口	0.33	0.27	0.25	0.25		0.09	0.08	0.08	0.07	
小灶火	0.24	0.24	0.24	0.24		0.10	0.09	0.08	0.08	
诺木洪	0.21	0.19	0.18	0.18		0.14	0.12	0.10	0.09	
德令哈	0.30	0.27	0.27	0.26		0.14	0.14	0.12	0.11	

3.4.2　共和盆地风能资源特性

共和盆地位于青海湖南侧，是青海南山与鄂拉山之间的山谷盆地，其为西北－东南走向，与柴达木盆地走向一致。共和盆地的最西端与柴达木盆地最东端是连通的，通道宽度大约 50km，并分布有小起伏低山。沙珠玉测风塔位于共和盆地中部腹地，过马营测风塔位于盆地东部。

根据两座测风塔的实测气温、气压、相对湿度数据计算的 70m 高度观测年度和各月平均空气密度值结果表明，沙珠玉测风塔和过马营测风塔所在地的年平均空气密度分别为 0.876kg/m³ 和 0.841kg/m³，7～8 月空气密度最低，1 月和 12 月空气密度最高。

从两座测风塔的风速和风功率密度等风能参数的计算分析结果来看（表 3.7），沙珠玉测风塔和过马营测风塔 70m 高度年平均风速分别为 5.7m/s 和 5.2m/s；在 3～25m/s 风能利用的有效风速段中，沙珠玉测风塔和过马营测风塔有效风功率密度分别为 499.4W/m² 和 519.3W/m²。虽然沙珠玉测风塔的年平均风速比过马营测风塔高，但是由于过马营测风塔超过 25m/s 的风速出现概率略大，所以有效风功率密度就比过马营略小。根据中华人民共和国国家标准《风电场风能资源评估方法》（GB/T 18710—2002），沙珠玉测风塔和过马营测风塔的风功率密度等级分别为 2 级和 1 级，沙珠玉测风塔属于低风速风能资源。在观测年中，沙珠玉测风塔和过马营测风塔的 70m 高度最大风速分别为 23.6m/s 和 19.1m/s，极大风速分别为 26.8m/s 和 22.1m/s；沙珠玉测风塔和过马营测风塔的 70m 高度 50 年一遇 10min 最大风速分别为 39.4m/s 和 37.4m/s，折算到标准空气密度下的 70m 高度 50 年一遇 10min 最大风速分别为 28.2m/s 和 25.2m/s。总体来看，沙珠玉测风塔具有低风速开发潜力，极端风速对风电机组的破坏性风险很小。

表 3.7　沙珠玉测风塔和过马营测风塔的风速和风功率密度参数统计结果

测风塔	测风高度 /m	3～25m/s 时数 百分率 /%	平均风速 /(m/s)	最大风速 /(m/s)	极大风速 /(m/s)	平均风功率密度 /(W/m²)	有效风功率密度 /(W/m²)
沙珠玉	10	62.3	4.6	19.2	23.8	144.8	453.3
	30	71.2	5.4	22.5	26.5	231.1	519.1
	50	68.9	5.5	23.2	27.0	258.7	501.4
	70	68.4	5.7	23.6	26.8	280.5	499.4
过马营	10	65.0	4.3	16.2	19.8	75.3	473.8
	30	73.8	4.8	17.9	21.2	115.8	537.4
	50	74.8	5.1	18.5	21.6	133.6	544.6
	70	70.2	5.2	19.1	22.1	130.9	519.3

　　从共和盆地沙珠玉测风塔和过马营测风塔的风速和风能频率分布统计结果来看（图 3.30），在风电机组启动风速到满发风速之间，即 3～10m/s 风速段内，沙珠玉测风塔和过马营测风塔的风速频率分别为 58% 和 70%。在风电机组满发风速到切出风速之间，即 10～25m/s 风速段，沙珠玉测风塔和过马营测风塔的风速频率分别为 15% 和 7%。在观测年内，沙珠玉测风塔和过马营测风塔在 70m 高度 10～25m/s 风速段的有效风力小时数分别为 1225h 和 713h，风能频率占比分别为 67% 和 48%。说明共和盆地具有风电开发潜力，盆地中部风能资源较东部更好。

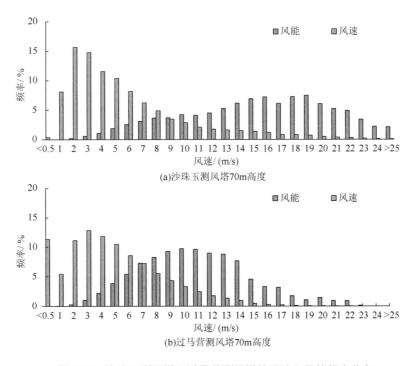

图 3.30　沙珠玉测风塔和过马营测风塔的风速和风能频率分布

沙珠玉测风塔和过马营测风塔观测年的主导风向和风能频率最高的风向是一致的（图 3.31）。沙珠玉测风塔的主导风向有两个，西北西和东南东。这是因为沙珠玉测风塔位于共和盆地中部腹地，青海南山和鄂拉山都是西北-东南走向，其间的狭长盆地与两侧山体走向一致，气流在两山体之间穿行，形成了西北西和东南东两个主导风向。由于天气尺度背景风场是以偏西风为主，从而对近地层局地偏西气流有加强作用，而对偏东气流有削弱作用，因此，沙珠玉测风塔观测得到的偏西方向风能频率占比远远大于偏东方向。过马营测风塔位于共和盆地东南末端，三面环山，处于小起伏中低山的半环抱之中。西北方向是青海南山；北侧和东侧有拉脊山，西南有鄂拉山，正南是阿尼玛卿山。因此，过马营测风塔观测到 2 个主导风向，正南和正东，西北方向的 90° 范围内均有 5% ～ 6% 的风向频率。过马营测风塔的风能频率集中在西北、正南和正东三个方向，且频率分布基本相当，分别约占 30%。

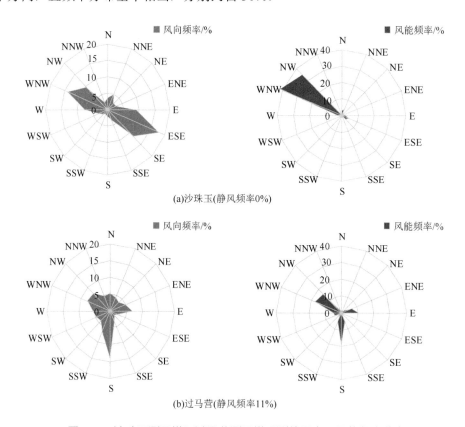

图 3.31　沙珠玉测风塔和过马营测风塔观测的风向和风能频率分布

图 3.32 是共和盆地两座测风塔观测到的年平均风廓线，其中实线为观测风廓线，虚线是根据各高度平均风速通过相似理论的指数律拟合得到的风廓线，可以看出，过马营测风塔的观测风廓线与指数律拟合风廓线符合较好，而沙珠玉测风塔风廓线在 30m 左右高度的风速明显超出指数律拟合值。说明共和盆地中部受两侧山体的动力和热力作用，形成近地层局地大气环流，使局部高度上的风速增加。过马营测风塔处三

面环山，且山体分布散乱，无法形成有组织的局地大气环流。沙珠玉测风塔和过马营测风塔的风切变指数分别为 0.093 和 0.089，风廓线总体差别不大。沙珠玉和过马营的湍流强度随高度的变化均呈减小趋势，因为高度越高，地表摩擦对气流的动力影响越小（表 3.8），湍流强度数值大小也基本相当。沙珠玉测风塔在 30m 和 50m 高度的湍流强度略高，其原因可能是地形导致的局地大气环流，使大气湍流交换加强，湍流强度增加。

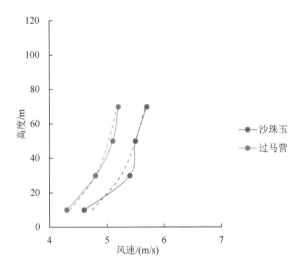

图 3.32　沙珠玉测风塔和过马营测风塔观测的年平均风廓线

实线：观测；虚线：指数律拟合

表 3.8　沙珠玉测风塔和过马营测风塔不同高度的湍流强度

测风塔	年平均湍流强度					风速 15m/s 时的湍流强度				
	10m	30m	50m	70m	100m	10m	30m	50m	70m	100m
沙珠玉	0.28	0.25	0.25	0.24		0.13	0.12	0.11	0.1	
过马营	0.27	0.23	0.23	0.23		0.13	0.11	0.1	0.1	

3.4.3　青海湖周边风能资源特性

青海湖周边有两座测风塔，其中快尔玛测风塔位于青海湖西北方向、大通山与青海南山之间的布哈河谷地，刚察测风塔位于北岸、大通山南侧。根据两座测风塔的实测气温、气压、相对湿度数据计算的 70m 高度观测年度和各月平均空气密度值结果表明，快尔玛测风塔和刚察测风塔所在地的年平均空气密度分别为 0.839kg/m^3 和 0.846kg/m^3，7 ～ 8 月空气密度最低，1 月和 12 月空气密度最高。

从两座测风塔的风速和风功率密度等风能参数的计算分析结果来看（表 3.9），快尔玛测风塔和刚察测风塔 70m 高度年平均风速分别为 6.6m/s 和 5.7m/s；在 3～25m/s 风能利用的有效风速段中，快尔玛测风塔和刚察测风塔有效风功率密度分别为 598.7W/m² 和 519.5W/m²。根据中华人民共和国国家标准《风电场风能资源评估方法》（GB/T 18710—2002），快尔玛测风塔和刚察测风塔的风功率密度等级分别为 2 级和 1 级，快尔玛测风塔属于低风速风能资源。在观测年中，快尔玛测风塔和刚察测风塔的 70m 高度最大风速分别为 20.5m/s 和 22.7m/s，极大风速分别为 25.8m/s 和 26.6m/s；快尔玛测风塔和刚察测风塔的 70m 高度 50 年一遇 10min 最大风速分别为 37.4m/s 和 43.8m/s，折算到标准空气密度下的 70m 高度 50 年一遇 10min 最大风速分别为 25.6m/s 和 30.5m/s。总体来看，快尔玛地区具有低风速开发潜力，极端风速对风电机组的破坏性风险很小；刚察地区的风能资源相对较差，极端风速的破坏性略高。

表 3.9　快尔玛测风塔和刚察测风塔的风速和风功率密度参数统计结果

测风塔	测风高度/m	3～25m/s 时数百分率/%	平均风速/(m/s)	最大风速/(m/s)	极大风速/(m/s)	平均风功率密度/(W/m²)	有效风功率密度/(W/m²)
快尔玛	10	72.5	5.2	17.7	23.7	125.9	528.2
	30	79.8	6.3	20.5	26.7	223.7	582.1
	50	80.8	6.4	20.4	25.8	230.6	588.9
	70	82.1	6.6	20.5	25.8	239.6	598.7
刚察	10	71.3	5.2	21.1	26.1	162.6	519.6
	30	71.5	5.4	22.1	26.9	188.5	522.3
	50	71.1	5.5	21.4	26.2	189.1	519.9
	70	71.3	5.7	22.7	26.6	215.4	519.5
	100	72.6	5.9	23.0	26.6	237.8	529.2

　　从青海湖周边快尔玛测风塔和刚察测风塔的风速和风能频率分布统计结果来看（图 3.33），在风电机组启动风速到满发风速之间，即 3～10m/s 风速段内，快尔玛测风塔和刚察测风塔的风速频率分别为 62% 和 65%。在风电机组满发风速到切出风速之间，即 10～25m/s 风速段，快尔玛测风塔和刚察测风塔的风速频率分别为 24% 和 11%。在观测年内，快尔玛测风塔和刚察测风塔在 70m 高度 10～25m/s 风速段的有效风力小时数分别为 1554h 和 991h，风能频率占比分别为 60% 和 72%。说明快尔玛地区具有低风速风能资源开发潜力。

　　快尔玛测风塔和刚察测风塔观测年的主导风向和风能频率最高的风向是一致的（图 3.34）。快尔玛测风塔的主导风向为西北西，与其所在的布哈河谷地走向一致，风能频率最高的方向也是西北西。刚察测风塔的主导风向为西风、东风和北风，东西向是青海湖北岸和大通山的走向，主导风向为偏西风和偏东风；存在正北风向的主导风，说明是从大通山下来的山风，是局地大气环流的贡献。在偏西风的天气尺度背景风场条件下，北风和东风都被西风所削弱，因此刚察测风塔的正西方向的风能密度占比超过 25%，而正北和正东方向均不足 15%。

74

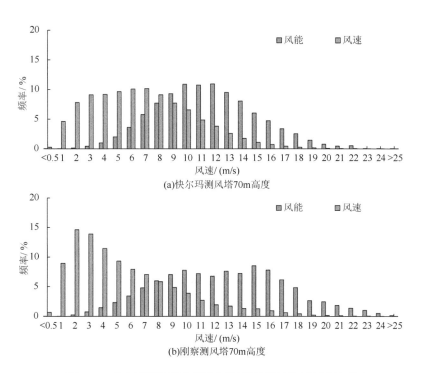

图 3.33　快尔玛测风塔和刚察测风塔的风速和风能频率分布

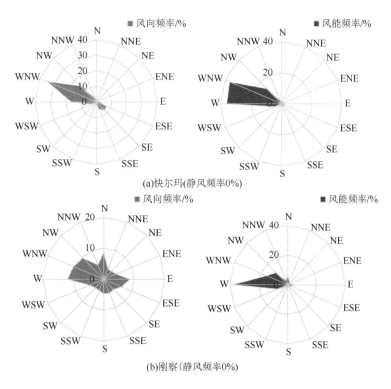

图 3.34　快尔玛测风塔和刚察测风塔观测的风向和风能频率分布

图 3.35 是快尔玛测风塔和刚察测风塔观测到的年平均风廓线，其中实线为观测风廓线，虚线是根据各高度平均风速通过相似理论的指数律拟合得到的风廓线，可以看出，刚察测风塔除了 10m 高度风速偏大以外，10m 高度以上的观测风廓线与指数律拟合风廓线符合较好；快尔玛测风塔风廓线在 30m 高度的风速明显超出指数律拟合值。说明快尔玛测风塔所在的布哈河谷与两侧山体通过动量和热量交换，形成了局地大气环流，其与背景大气风场叠加后，导致风速垂直分布上的局部加速现象。快尔玛测风塔和刚察测风塔的风切变指数分别为 0.092 和 0.075，刚察测风塔的风切变指数明显偏小，这是因为刚察测风塔处于青海湖岸边，湖－陆之间动量和热量交换增加了边界层大气的垂直运动，因此风速切变指数就偏小。快尔玛测风塔和刚察测风塔的湍流强度随高度的变化均呈减小趋势（表 3.10），快尔玛的湍流强度明显比刚察大，其原因是快尔玛测风塔处于两山之间的河谷中，地形作用导致的湍流运动比较强；而刚察测风塔所在地相对平坦、开阔，湍流运动相对较弱。

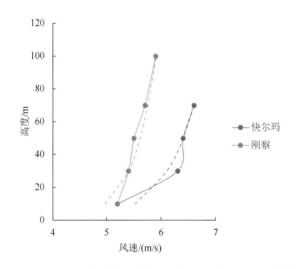

图 3.35　快尔玛测风塔和刚察测风塔观测的年平均风廓线

实线：观测；虚线：指数律拟合

表 3.10　快尔玛测风塔和刚察测风塔不同高度的湍流强度

测风塔	年平均湍流强度					风速 15m/s 时的湍流强度				
	10m	30m	50m	70m	100m	10m	30m	50m	70m	100m
快尔玛	0.26	0.22	0.21	0.2		0.16	0.13	0.13	0.12	
刚察	0.26	0.24	0.24	0.23	0.23	0.13	0.13	0.12	0.12	0.12

3.4.4　横断山区风能资源特性

白沙测风塔位于青藏高原东南边缘的横断山谷地，东西两侧是大起伏中、高山地貌。白沙测风塔所在地的年平均空气密度为 0.899kg/m³，6 ～ 7 月空气密度最低，均为 0.88kg/m³，1 月和 12 月空气密度最高，分别为 0.922kg/m³ 和 0.920kg/m³。其空气密度随季节变化幅度很小，主要原因是四季温度差异不大。

从白沙测风塔的风速和风功率密度等风能参数的计算分析结果来看（表 3.11），100m 高度年平均风速为 5.1m/s；在 3 ～ 25m/s 风能利用的有效风速段中，有效风功率密度为 150.5W/m²。根据中华人民共和国国家标准《风电场风能资源评估方法》（GB/T 18710—2002），白沙测风塔的风功率密度等级为 1 级，不具备风电开发的风能资源条件。在观测年中，白沙的 70m 高度最大风速为 31.0m/s，极大风速为 57.2m/s；70m 高度 50 年一遇 10min 最大风速为 39.7m/s，折算到标准空气密度下的 70m 高度 50 年一遇 10min 最大风速为 34.0m/s。平均而言，白沙风能资源贫乏，但会出现对风电机组有破坏性的极端风速。

表 3.11   白沙测风塔的风速和风功率密度参数统计结果

测风塔	测风高度 /m	3 ～ 25m/s 时数百分率 /%	平均风速 /(m/s)	最大风速 /(m/s)	极大风速 /(m/s)	平均风功率密度 /(W/m²)	有效风功率密度 /(W/m²)
	10	67	4.0	33.4	54.5	49.5	72.1
	30	71	4.7	34.8	54.6	89.4	124.0
白沙	50	71	4.6	23.2	49.1	80.2	111.1
	70	69	4.4	31.0	57.2	79.3	114.8
	100	74	5.1	32.0	58.3	112.2	150.5

从白沙测风塔的风速和风能频率分布统计结果来看（图 3.36），在风电机组启动风速到满发风速之间，即 3 ～ 10m/s 风速段内，风速频率为 69%。在风电机组满发风速到切出风速之间，即 10 ～ 25m/s 风速段，风速频率分别为 2%。在观测年内，白沙测风塔在 70m 高度 10 ～ 25m/s 风速段的有效风力小时数为 109h，风能频率占比为 5%。白沙测风塔的主导风向为南风和南南东风，与其所在的横断山谷地走向一致（图 3.37），风能频率最高的方向也是南南东和正南方向。

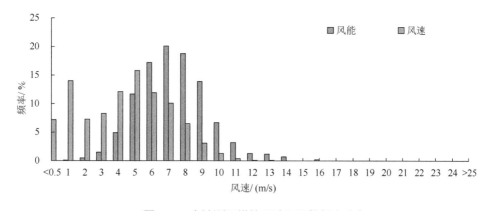

图 3.36   白沙测风塔的风速和风能频率分布

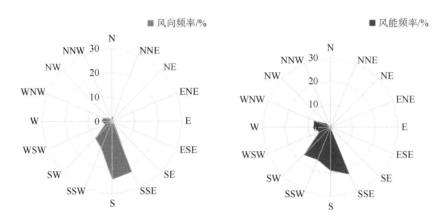

图 3.37 白沙测风塔观测的风向和风能频率分布（静风频率 11%）

图 3.38 是白沙测风塔观测到的年平均风廓线，其中实线为观测风廓线，虚线是根据各高度平均风速通过相似理论的指数律拟合得到的风廓线，可以看出，白沙测风塔的观测风廓线与指数律拟合风廓线偏差很大。白沙测风塔观测的湍流强度也比较大，100m 高度年平均湍流强度 0.28，风速为 15m/s 时的湍流强度为 0.19。其原因是白沙测风塔所在地两侧是大起伏高山，山势走向近似南北向，与冬季的东北风和夏季的西南风有较大的交角，阻挡气流造成动力扰动，增强湍流强度。此外，太阳辐射日变化造成的加热和冷却效应，形成局地山谷风环流，从而造成风速垂直方向上的局部加速，致使风廓线与经典相似理论不符。

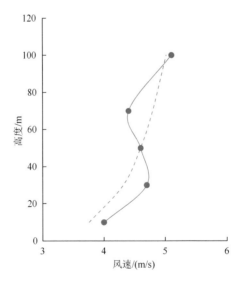

图 3.38 白沙测风塔观测的年平均风廓线
实线：观测；虚线：指数律拟合

3.4.5　藏北高原风能资源特性

1. 那曲市南部风能资源特性

巴日塘测风塔和罗玛测风塔位于藏北高原东部的唐古拉山和念青唐古拉山之间，属于中起伏高山湖盆地貌，巴日塘测风塔在罗玛测风塔的北北西方向约 60km 处。根据两座测风塔的实测气温、气压、相对湿度数据计算的 70m 高度观测年度和各月平均空气密度值结果表明，巴日塘测风塔和罗玛测风塔所在地的年平均空气密度分别为 0.742kg/m³ 和 0.744kg/m³，6 ～ 7 月空气密度最低，1 月和 12 月空气密度最高。

测风塔的风速和风功率密度等风能参数的计算分析结果表明（表 3.12），巴日塘测风塔和罗玛测风塔 70m 高度年平均风速分别为 5.0m/s 和 5.5m/s；在 3 ～ 25m/s 风能利用的有效风速段中，巴日塘测风塔和罗玛测风塔有效风功率密度分别为 298.2W/m² 和 338.1W/m²。根据中华人民共和国国家标准《风电场风能资源评估方法》（GB/T 18710—2002），巴日塘测风塔和罗玛测风塔的风功率密度等级均为 1 级。在观测年中，巴日塘测风塔和罗玛测风塔的 70m 高度最大风速分别为 26.1m/s 和 28.5m/s，极大风速分别为 31.7m/s 和 35.2m/s；巴日塘测风塔和罗玛测风塔的 70m 高度 50 年一遇 10min 最大风速分别为 38.0m/s 和 39.0m/s，折算到标准空气密度下的 70m 高度 50 年一遇 10min 最大风速分别为 29.6m/s 和 30.4m/s。由此看出，巴日塘测风塔和罗玛测风塔处的平均风速较低，但是极端风速比较高。

表 3.12　巴日塘测风塔和罗玛测风塔的风速和风功率密度参数统计结果

测风塔	测风高度 /m	3 ～ 25m/s 时数百分率 /%	平均风速 /(m/s)	最大风速 /(m/s)	极大风速 /(m/s)	平均风功率密度 /(W/m²)	有效风功率密度 /(W/m²)
巴日塘	10	52	4.4	23.0	30.2	112.4	212.4
	30	54	4.6	25.4	32.7	147.6	272.7
	50	56	4.8	26.4	32.7	161.2	288.1
	70	57	5.0	26.1	31.7	170.5	298.2
罗玛	10	52	4.4	24.0	32.3	118.8	225.5
	30	58	5.0	27.5	34.2	169.1	291.5
	50	60	5.2	26.9	34.5	175.9	292.9
	70	62	5.5	28.5	35.2	211.2	338.1
	100	64	5.7	28.0	33.1	217.2	336.7

从那曲市南部的巴日塘测风塔和罗玛测风塔的风速和风能频率分布统计结果来看（图 3.39），在风电机组启动风速到满发风速之间，即 3 ～ 10m/s 风速段内，巴日塘测风塔和罗玛测风塔的风速频率分别为 46% 和 53%。在风电机组满发风速到切出风速之间，即 10 ～ 25m/s 风速段，巴日塘测风塔和罗玛测风塔的风速频率分别为 14% 和 13%。在观测年内，巴日塘测风塔和罗玛测风塔在 70m 高度 10 ～ 25m/s 风速段的有效风力小时数分别为 1114h 和 1277h，风能频率占比分别为 73% 和 80%。巴日塘测风塔

和罗玛测风塔处低于风电机组启动风速的小风频率比较高，分别达到 40% 和 34%，风能密度集中在 10 ~ 25m/s 风速段，但是全年小时数都不足 1300h。因此，该地区的基本不具有风电开发潜力。

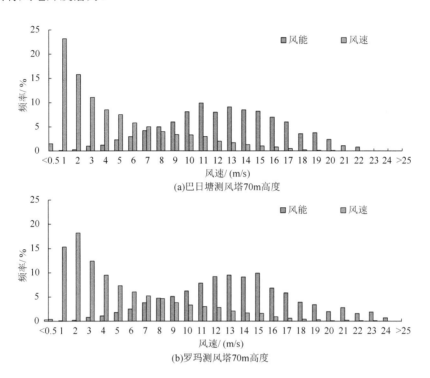

图 3.39　巴日塘测风塔和罗玛测风塔的风速和风能频率分布

巴日塘测风塔和罗玛测风塔观测年的主导风向和风能频率最高的风向是一致的（图 3.40）。巴日塘测风塔的主导风向为西风，而距离其不足 60km 的罗玛测风塔观测的主导风向是东风，说明该地区长年存在局地大气环流。从该地区周边地形分布来看，正北方向有唐古拉山；西北到西南方向是开阔的湖盆地貌；正南和东南方向是念青唐古拉山，罗玛测风塔距离念青唐古拉山很近；东北方向零散分布一些中起伏中、高山。冬季天气尺度风场盛行偏西风；夏季盛行东北风，正如巴日塘测风塔东北方向的次主导风向。由此可见，罗玛测风塔处主要受局地大气环流影响。念青唐古拉山在此地是西南－东北走向的，较强的东南山风可以引导出山前气旋，导致罗玛测风塔的主导东风以及集中于东和东东南方向上的风能频率。

图 3.41 是巴日塘测风塔和罗玛测风塔观测到的年平均风廓线，其中实线为观测风廓线，虚线是根据各高度平均风速通过相似理论的指数律拟合得到的风廓线。可以看出，巴日塘测风塔和罗玛测风塔的观测风廓线与指数律拟合风廓线符合较好，风切变指数分别为 0.089 和 0.115，罗玛测风塔的大气稳定度条件好于巴日塘测风塔。巴日塘测风塔和罗玛测风塔的湍流强度随高度的变化均呈减小趋势（表 3.13），巴日塘测风塔的湍流强度高于罗玛测风塔。这进一步说明，罗玛测风塔所在地存在有组织的局地大气环流。

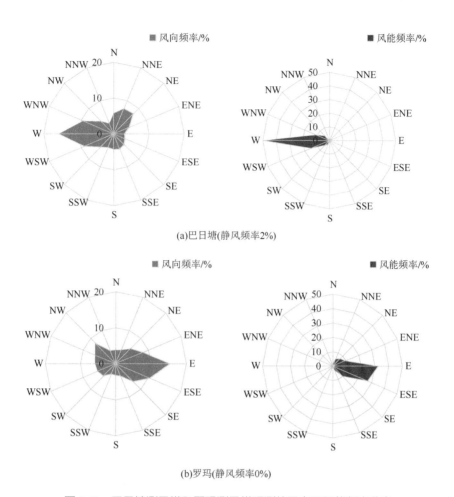

(a)巴日塘(静风频率2%)

(b)罗玛(静风频率0%)

图 3.40 巴日塘测风塔和罗玛测风塔观测的风向和风能频率分布

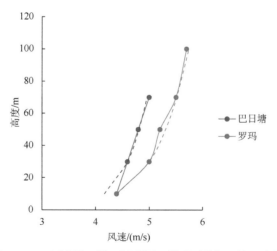

图 3.41 巴日塘测风塔和罗玛测风塔观测的年平均风廓线

实线：观测；虚线：指数律拟合

表 3.13　巴日塘测风塔和罗玛测风塔不同高度的湍流强度

测风塔	年平均湍流强度					风速 15m/s 时的湍流强度				
	10m	30m	50m	70m	100m	10m	30m	50m	70m	100m
巴日塘	0.35	0.34	0.35	0.32		0.14	0.13	0.13	0.12	
罗玛	0.34	0.32	0.31	0.29	0.24	0.14	0.13	0.12	0.12	0.11

2. 纳木错东南岸风能资源特性

为了进一步认识藏北高原风能资源特性，风能开发利用现状与远景评价科考分队于 2020 年 9 月 24 日至 11 月 7 日在纳木错站开展了短期声雷达观测实验，经质量控制后，获得有效观测数据 36 天。纳木错站位于纳木错东南岸（图 3.42），背靠念青唐古拉山西段，观测点海拔 4730m，下垫面为高寒草甸，属典型的半干旱高原季风气候区。纳木错和念青唐古拉山西段均为西南－东北走向，海拔 7162m 的念青唐古拉峰位于纳木错的西南岸，纳木错的正北到正西方向是小起伏的藏北高原丘陵。

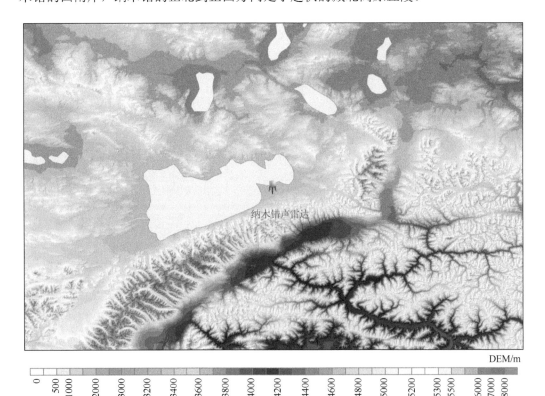

纳木错声雷达

DEM/m

| 0 | 500 | 1000 | 2000 | 3000 | 3200 | 3400 | 3600 | 3800 | 4000 | 4200 | 4400 | 4600 | 4800 | 5000 | 5200 | 5300 | 5500 | 6000 | 7000 | 8000 |

图 3.42　纳木错声雷达观测位置

图 3.43 为采用纳木错站 2020 年气象观测数据分析的全年风向和风速玫瑰图,风速观测高度 10m。可以看出,风向西、西南西、西南和南南西的出现频率共 38.6%,各方向的平均风速分别为 6.9m/s、6.3m/s、4.7m/s 和 4.7m/s;风向南、南南东和东南的出现频率共 24.3%。说明在纳木错与念青唐古拉山共同的动力和热力作用下,纳木错南岸存在明显的局地大气环流。各风向的平均风速分别为 5.6m/s、4.2m/s 和 3.0m/s。风向西和西南西与天气尺度背景风场主导风向一致,因此风速较大;山风的风向是偏南风,在天气尺度背景风场不强时,山风会成为主导风。图 3.44 是 2020 年 2～4 月和 8～12 月 10m 高度风向玫瑰图,可以看出,冬、春季以西南风为主,夏、秋季以南风为主。12 月的主导风向是西风和西南风;2～4 月的主导风均为西南风;8～10 月的主导风均为南风;11 月有 3 个风向出现频率均比较高,依次为西风、南风和东南偏东风。这与天气尺度背景风场是一致的。冬季,整个青藏高原中南部和西南部都是西南偏西风,与念青唐古拉山脉走向一致。夏季,从昆仑山南侧到唐古拉山北侧是一条气流辐合切变线,辐合切变线北侧是北风,南侧是南风,纳木错位于辐合切变线的南侧;春、秋季是过渡期,以西南风为主。

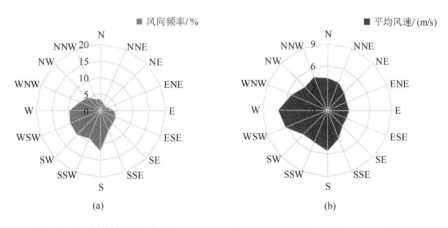

图 3.43　纳木错站 2020 年 10m 高度风向 (a) 和风速 (b) 玫瑰图 (静风频率 1%)

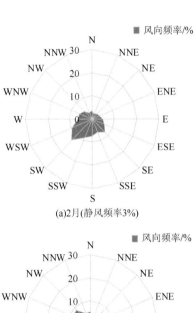

(a)2月(静风频率3%)

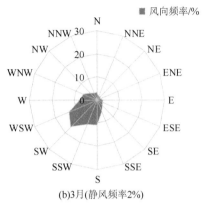

(b)3月(静风频率2%)

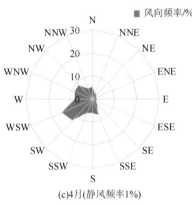

(c)4月(静风频率1%)

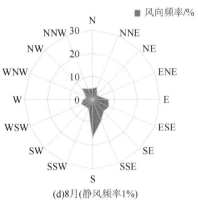

(d)8月(静风频率1%)

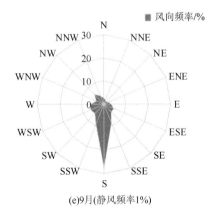

(e)9月(静风频率1%)

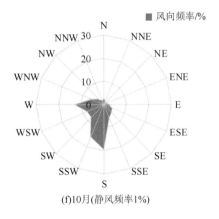

(f)10月(静风频率1%)

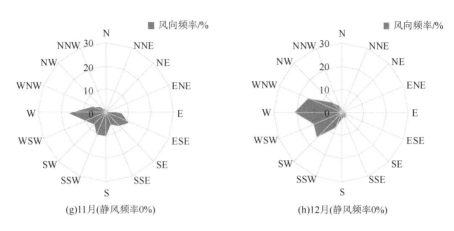

(g)11月(静风频率0%)　　　　　(h)12月(静风频率0%)

图 3.44　纳木错站 2020 年部分月份 10m 高度风向玫瑰图

局地大气环流的主要特征是风速的日变化，为了研究认识纳木错地区的局地大气环流气候特征，采用纳木错站全年气象观测资料和本书声雷达测风数据，计算局地风场表征风速。图 3.45 和图 3.46 是基于地面气象观测资料计算得到的纳木错站 2020 年 10m 高度局地风场表征风速的 24h 变化，6 ～ 7 月由于设备故障造成缺测。可以看出，纳木错站具有非常明显的风速日变化特征，表现为风速从午后开始增大，傍晚前后达到最大，日落后风速开始减小，21 时以后减小到日平均值以下。1 ～ 4 月和 12 月的风速日变化情况与全年平均结果一致；8 月的风速日变化规律与全年平均大体相似，变化幅度明显减小；9 ～ 11 月与全年平均结果完全不同，都出现了日落后的风速增大现象。图 3.47 是基于 2020 年 9 月 24 日至 11 月 5 日中 36 天声雷达测风有效数据计算得到的 100m 高度局地风场表征风速的 24h 变化，也可以发现存在明显的风速日变化特征，日落后至次日的日出前是全天风速最大的时段。在声雷达 36 天有效观测数据中，有 16 天是大风出现在日落后至次日的日出前，100m 高度的风速均超过 10m/s。图 3.48 为纳木错站周边地区的冰川分布，数据来源于国家青藏高原科学数据中心（http://data.tpdc.ac.cn）（He and Zhou，2022），可以看到大片的冰川分布在念青唐古拉山山顶，这意味着，念青唐古拉山与其北侧的湖盆之间很容易形成局地山谷风环流，对风

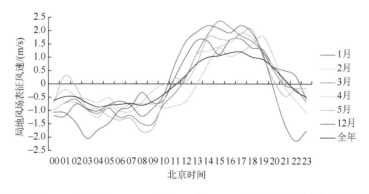

图 3.45　纳木错站 2020 年全年、1 ～ 5 月和 12 月 10m 高度局地风场表征风速的日变化特征

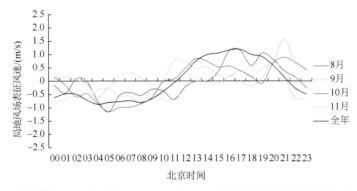

图 3.46　纳木错站 2020 年全年和 8 ～ 11 月 10m 高度局地风场表征风速的日变化特征

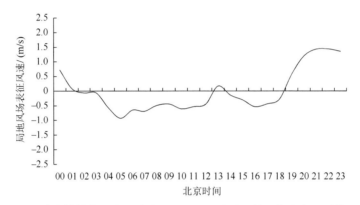

图 3.47　纳木错站声雷达观测的 36 天 100m 高度局地风场表征风速的日变化

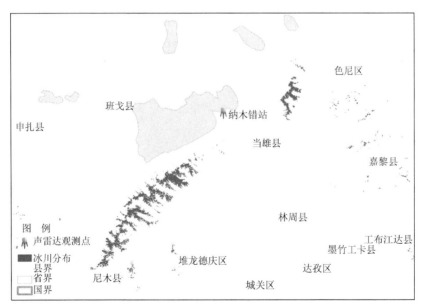

图 3.48　纳木错站周边地区冰川分布

数据来源于国家青藏高原科学数据中心（http://data.tpdc.ac.cn）

能资源的形成十分有利。气象站观测到的风速日变化特征明显，也说明了这一地区局地山谷风环流的存在。

图 3.49 是 2020 年 10 月 24～26 日声雷达探测的小时平均风速垂直廓线的时间变化，可以清楚地看到明显的风速日变化特征。24～26 日基本是 18 时左右风速明显开始增大，子夜达到最大，次日 6 时以后风速明显开始降低。在日落以后，100m 以下风速切变加大，切变指数可达到 0.19，说明 100m 高度以下风速垂直分布符合经典相似理论的指数律分布，切变指数在平坦地形下通常的数值变化范围内；100m 高度以上风速随高度的增加很小或不变，甚至随高度的增加风速而减小，如 24 日 0 时、25 日 23 时和 26 日 0 时、3 时等，出现这种现象说明水平方向上有地形导致的局地大气环流运动。图 3.50 是 10 月 24～26 日声雷达探测的 150m 高度风向和风速的时间变化，可以发现 9m/s 以上的风速总是伴随着南风，9m/s 以下的风速基本为偏西风。声雷达的北侧是纳木错，南侧是念青唐古拉山。在观测实验期间，周期性夜间出现较强南风，该现象是陆风和山风共同作用的结果，属于局地大气环流主导的近地层大气运动。午后，念青唐古拉山顶的雪面与山下湖盆存在的地表温度差，逐渐导致越来越大的水平气压梯度力，形成下山风（即冰川风）。日落以后，陆面温度降低比湖水快，同样是因为温差逐渐加大，形成从陆地吹向湖面的陆风。纳木错站气象观测表明，2020 年 10 月的地面主导风向是南风，因此，天气尺度背景风场与冰川风、陆风叠加，形成了纳木错站夜间的大风现象。纳木错站周边的湖陆风和山谷风是否能成为可利用的风能资源，还有待进一步做更细致的研究。

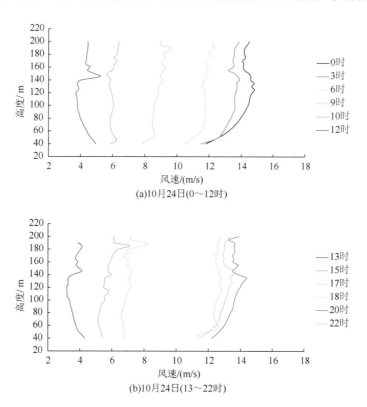

(a)10月24日(0～12时)

(b)10月24日(13～22时)

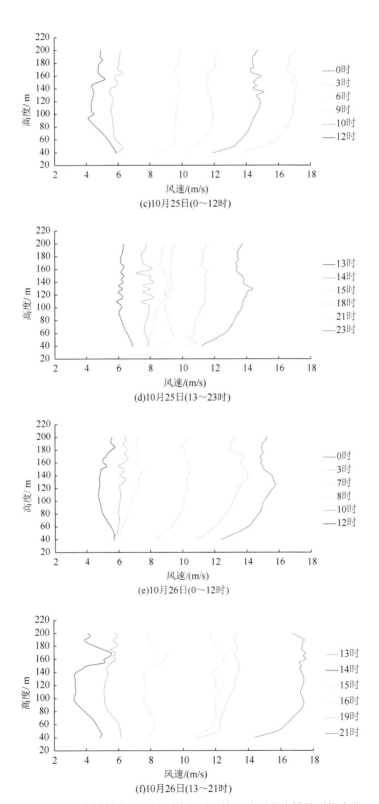

图 3.49 纳木错站声雷达探测的小时平均风速垂直廓线的时间变化

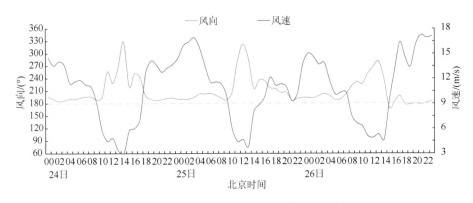

图 3.50　纳木错站探测的 150m 高度风向和风速的时间变化

3.阿里地区日土县风能资源特性

日土声雷达观测点设置在阿里站，该站位于日土县西 3km 左右 219 国道南侧的马嘎草场，海拔 4270m，是冈底斯山与昆仑山之间的高原湖盆地区。声雷达观测点处于一个三面环山、约 10km×8km 的小盆地最南端，西、南和东方向都散布着属于冈底斯山的小起伏中山和低山；东北风向距离班公湖大约 10km（图 3.51）。日土声雷达观测实验于 2020 年 12 月 31 日至 2021 年 2 月 27 日进行，质量控制后获得有效观测数据 37 天。

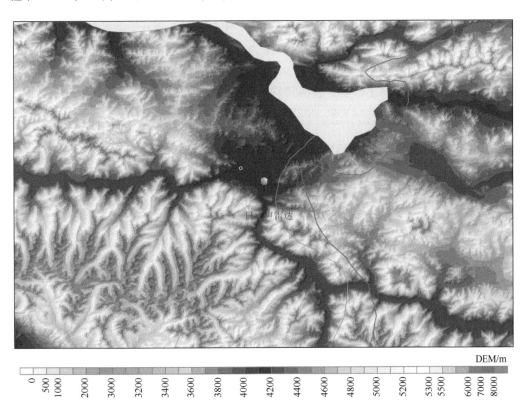

图 3.51　日土声雷达观测点位置

　　采用阿里站提供的 2020 年地面气象观测资料，经质量控制后，获得 6 ~ 12 月风向和风速玫瑰图（图 3.52），观测高度 1.5m。分析表明，6 ~ 12 月声雷达观测点的主导风向均为偏南风，冬季风速大，夏季风速小；此外，各月都有一定的北北东风向出现频率。这与声雷达观测点的天气尺度背景风场和周边地形有关，日土县天气尺度背景风场是长年盛行西南风，北北东风向出现频率是班公湖的湖陆风导致。11 ~ 12 月声雷达观测点偏南风特性显著，南风和南南西风向的出现频率分别为 32% 和 30%，平均风速较大，分别为 5.2m/s 和 5.6m/s。10 月的主导风向略偏西，西南和西南西风向出现频率共 27%，平均风速也较大 5.5m/s。8 月的第一主导风向是北北东，平均风速 2.2m/s；第二主导风向是南风，平均风速 2.9m/s。来自班公湖方向北北东的风速变化不大，最大是 10 月的 2.7m/s，最小是 6 月和 12 月的 2.0m/s。6 月整体上风速偏小，最大平均风速 3.9m/s；主导风向不突出，第一主导风向西南风的出现频率是 11%，其后依次为西北西风向 9%、西南西和西风向 8%、北北东和北北西风向 7%。

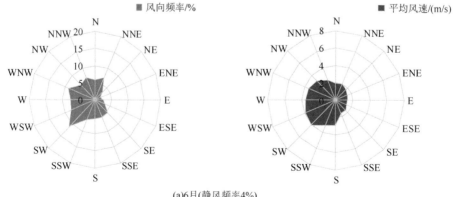

(a)6月(静风频率4%)

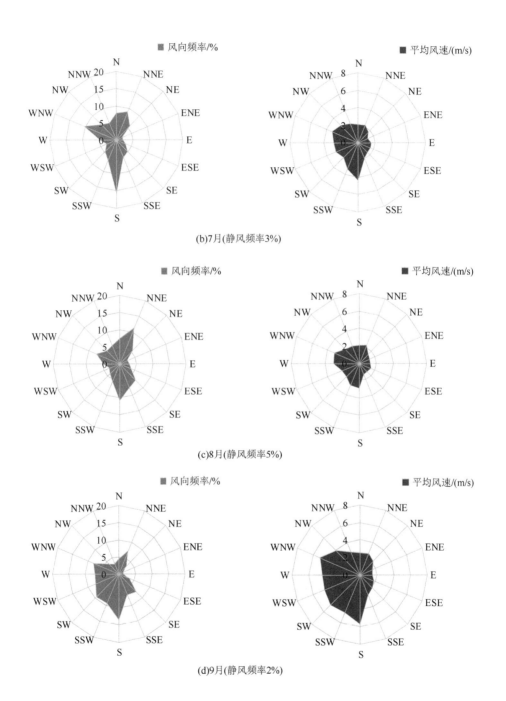

(b)7月(静风频率3%)

(c)8月(静风频率5%)

(d)9月(静风频率2%)

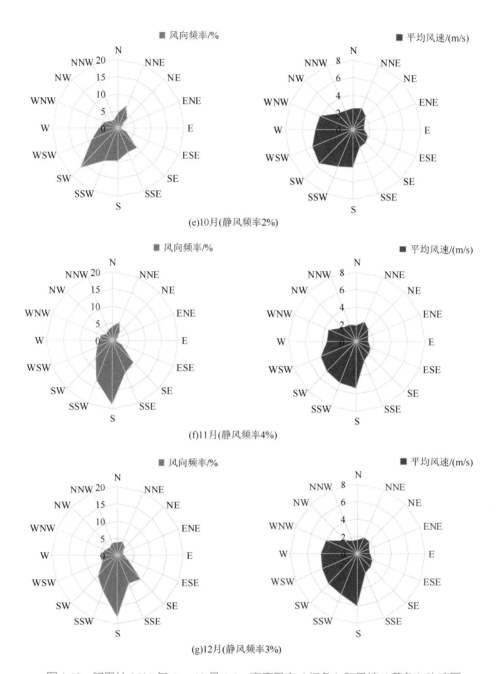

(e)10月(静风频率2%)

(f)11月(静风频率4%)

(g)12月(静风频率3%)

图 3.52 阿里站 2020 年 6 ～ 12 月 1.5m 高度风向（红色）和风速（蓝色）玫瑰图

　　阿里站的气象观测和声雷达观测都表明该地存在显著的风速日变化特征。图 3.53 是 2020 年 6 ～ 12 月地面 1.5m 高度的局地风场表征风速的逐小时日变化，图 3.54 是声雷达 2020 年 12 月 31 日至 2021 年 2 月 27 日观测期间的 37 天局地风场表征风速的逐小时日变化。可以看出，中午 14 时局地风场表征风速由负值转为正值，风速逐渐加大

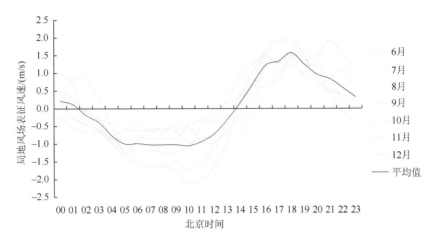

图 3.53　2020 年 6 ～ 12 月 1.5m 高度局地风场表征风速的逐小时变化

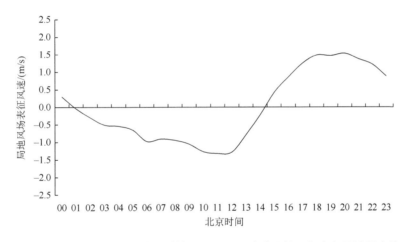

图 3.54　阿里日土声雷达观测的 37 天 100m 高度局地风场表征风速日变化

至 18 时达到最高，然后逐渐减小，次日 2 时局地风场表征风速由正值转为负值，次日 10 时达到风速最小，然后风速再逐渐增加。如此循环往复，每个月之间的时间相位上几乎一致，在风速变化幅度上有明显差异。图 3.55 是阿里站周边区域的冰川分布图 (He and Zhou，2022)，可以看到，站址南侧的冈底斯山上分布有冰川。而且这一地区的雪线高度较低，为 5000 ～ 5600m (土晓姑，2019；Tang，2020)。因此，阿里站所在地区具备形成以冰川风为主的局地山谷风环流的地形条件。

　　日土声雷达观测点的近地层垂直风廓线基本有两个特征：垂直分布均匀型和底层风速大、高层风速小的倾斜型，以下给出两个典型观测结果加以说明。图 3.56 (a) 是 2012 年 1 月 9 日声雷达观测的风廓线随时间变化，可以看到，13 ～ 14 时风速骤然加大，而且 13 时垂直方向 100m 高度以上风切变很大，说明是雪山顶与盆地温差达到足够大以后，产生的下坡风导致了局地平流。21 时以后风速超过 7m/s，大风加强了近地层大

93

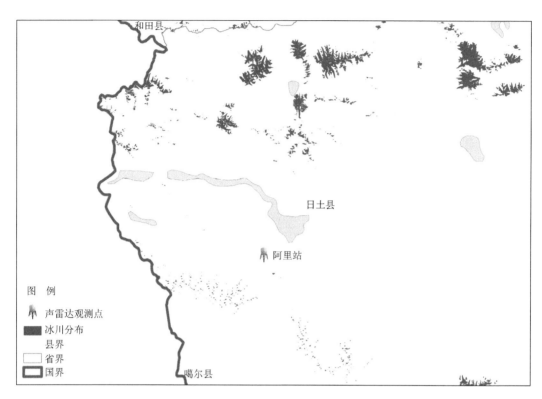

图 3.55 阿里站周边地区冰川分布

数据来源于国家青藏高原科学数据中心（http://data.tpdc.ac.cn）

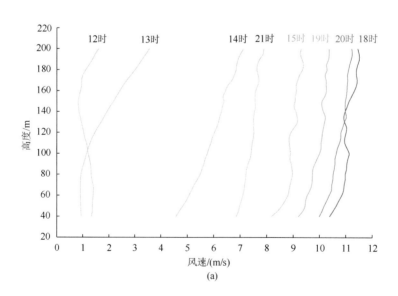

(a)

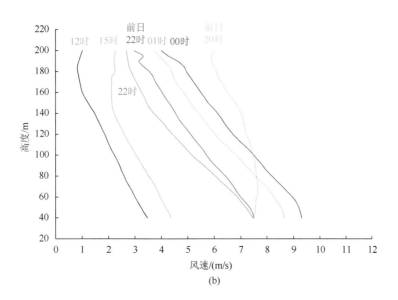

图 3.56　2021 年 1 月 9 日（a）和 2 月 6 日（b）声雷达观测的风廓线随时间变化

气湍流交换，使垂直方向上风切变较小，18 时风速达到最大，在 10 ～ 12m/s，这是日土雷达观测到的大风天之一。配合观察 100m 高度上对应的风向变化（图 3.57）可以发现，当风速较小时，风向转为偏西风和偏北风，风速小于 1m/s 时风向变化不定；当风速大于 6m/s 时，风向均为偏南风。说明午后的大风是山谷风与天气尺度背景风场叠加产生正效应的结果。图 3.56（b）为 2012 年 2 月 6 日声雷达观测的风廓线随时间变化，其最显著的特点是上层风速小，底层风速大，风廓线呈向左倾斜的形状。上层风速小，说明天气尺度背景风场的风速比较小；底层风速大，说明底层有局地大气平流运动。配合观察 50m 和 150m 高度上对应的风向变化（图 3.58）可以发现，2 月 6 日全天 50m 和 150m 高度的风向都是南风。声雷达观测点的正南面对的是冈底斯山中一条河谷的出口，山脉中的山峰与谷地温差也会导致下午至夜晚的下坡风，下坡风汇入谷底后，会沿河谷水平运动，由此导致沿河谷的贴地层大风。因此，日土声雷达观测期间，捕捉到了一些由河谷贴地大风导致倾斜型的风廓线。

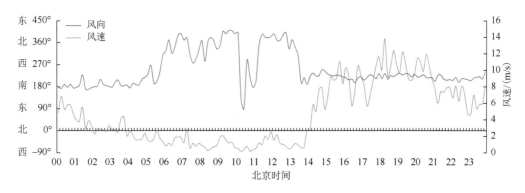

图 3.57　日土声雷达探测的 2021 年 1 月 9 日 100m 高度风向和风速随时间变化

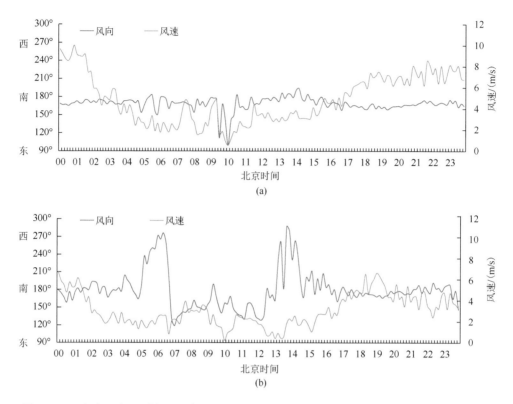

图 3.58　日土声雷达观测的 2021 年 2 月 6 日 50m（a）和 150m（b）高度风向和风速随时间变化

3.4.6　藏南谷地风能资源特性

1. 山南市措美风能资源特性

风能开发利用现状及远景评价科考分队于 2021 年 11 月 7 日至 2022 年 3 月 19 日在山南市措美县哲古高原试验风电场的正北方向 11.8km 处开展了短期声雷达观测实验，经数据质量控制，获得有效观测数据 108 天。观测场地势平坦，属于高原湖盆地貌，风沙下垫面，海拔 4650m，位于喜马拉雅山打拉日雪山的东北侧（图 3.59），打拉日雪山海拔 6785m 且常年积雪；东侧的哲古湖距离观测点 3km 左右。

在声雷达观测点的正北方向大约 5km 处，有一个山南市气象局设置的自动气象站。根据气象站 2021 年逐小时观测数据，统计得到 10m 高度全年风向和风速玫瑰图（图 3.60）。可以看出，第一主导风向为南南东，出现频率 17%，其后依次为南南西风向频率 13%、南风风向频率 9.8%、东南风向频率 9.6%、西南风向频率 8%。南南西风向上的平均风速最大，为 7.8m/s，其后依次为西南风向（5.6m/s）、南南东风向（5.3m/s）、西北西风向（4.8m/s）。图 3.61 为哲古自动气象站 10m 高度 2021 年逐月风向和风速玫瑰图，

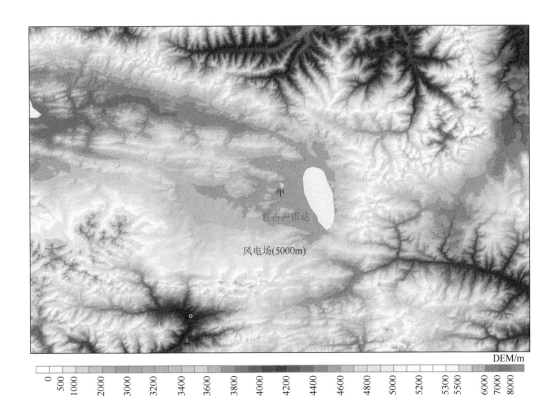

DEM/m

0 500 1000 2000 3000 3200 3400 3600 3800 4000 4200 4400 4600 4800 5000 5200 5300 5500 6000 7000 8000

图 3.59 哲古声雷达观测场地位置

可以看出风向频率及其平均风速有明显的季节变化。总体而言，冬季（12 月至次年 2 月）南南西风向是主导风；夏季（6 ～ 8 月）南南东是主导风；春季（3 ～ 5 月）出现南南西和南南东两个主导风向；秋季比较复杂，9 月南南东是主导风，10 月有两个主导风向南南东和南南西，11 月主导风向为北风和偏西风。冬季和春季的风速最大，南南西风向的平均风速均达到或超过 9m/s。这与藏南河谷地区的大气环流背景场的季节变化是一致的。冬季，山南地区上空 550hPa 流场上盛行西南风，地面 100m 高度上的气流从喜马拉雅山中段向西南方向长驱直入青海高原；而在夏季受青藏高原东南方向的反气旋影响，山南地区上空 550hPa 是南偏东风，地面 100m 高度上的气流从喜马拉雅山东段向南偏东方向汇入唐古拉山与冈底斯山之间的气流辐合切变线（图 3.62）。

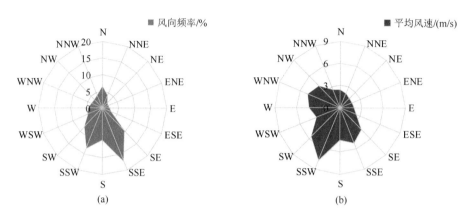

图 3.60 哲古自动气象站 10m 高度 2021 年风向（a）和风速（b）玫瑰图（静风频率 1%）

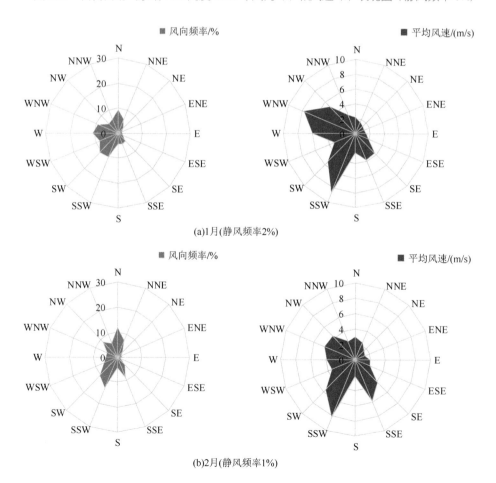

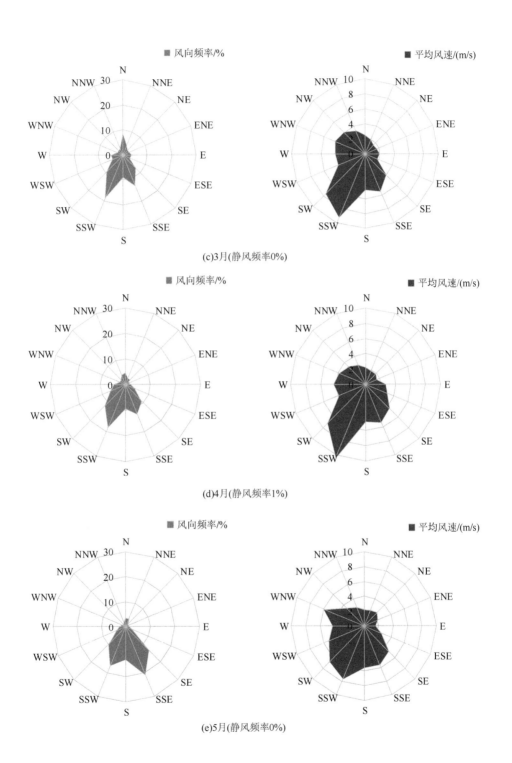

(c)3月(静风频率0%)

(d)4月(静风频率1%)

(e)5月(静风频率0%)

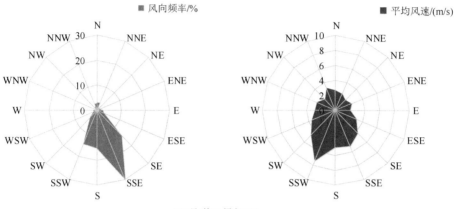

(f)6月(静风频率0%)

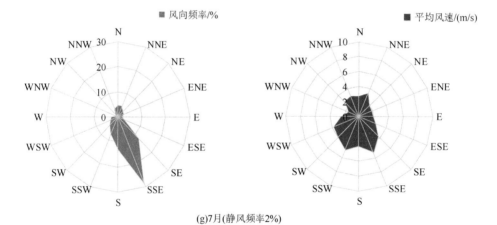

(g)7月(静风频率2%)

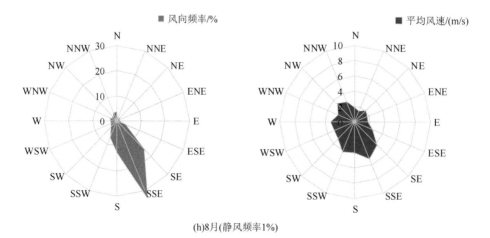

(h)8月(静风频率1%)

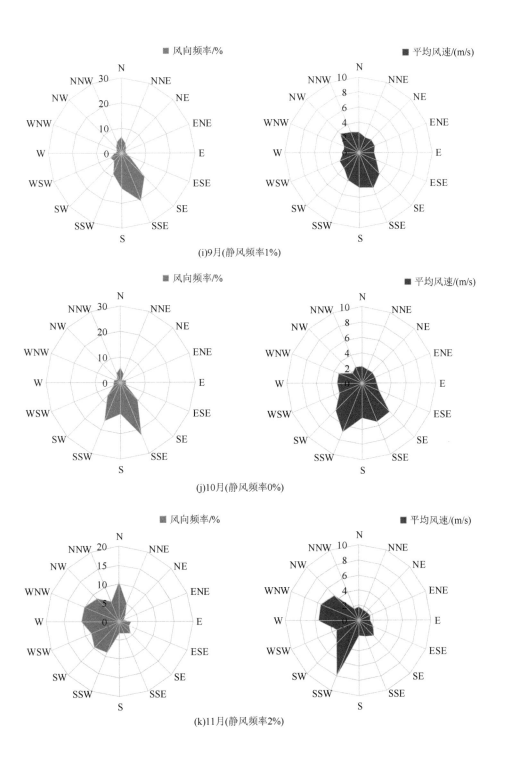

(i)9月(静风频率1%)

(j)10月(静风频率0%)

(k)11月(静风频率2%)

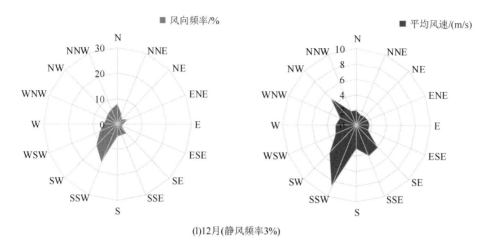

(l)12月(静风频率3%)

图 3.61　哲古自动气象站 10m 高度 2021 年各月风向和风速玫瑰图

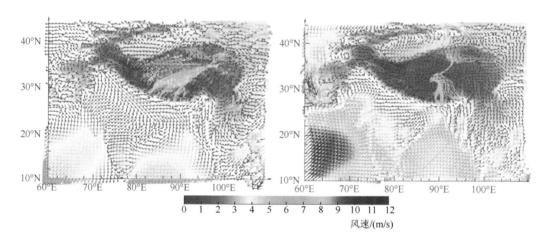

风速/(m/s)

图 3.62　青藏高原及周边地区 100m 高度冬季（a）和夏季（b）风场
箭头表示风向，颜色表示风速

哲古自动气象站和声雷达观测的数据分析表明该地区风速日变化明显，说明局地大气环流作用较强，由此可见藏南谷地的地形对近地层风场影响较大。图 3.63 和图 3.64是哲古自动气象站全年和逐月 10m 高度局地风场表征风速的逐小时变化。全年局地风场表征风速显示出明显的日变化特征，19 时左右风速达到最大，之后风速一直减小到次日 8 时，然后风速增大，直到 19 时。就是说，中午至晚上是大风，后半夜至次日上午是小风。每个月的风速日变化规律与全年基本相同，只是风速变化幅度有差异，1 月的局地风场表征风速变幅最大，为 8.8m/s，8 月的局地风场表征风速变幅最小，为 3.0m/s。2022 年 1 月 6 日至 3 月 19 日声雷达观测数据分析结果也表现出明显的风速日变化（图3.65），与哲古气象站分析结果一致。从哲古及周边地区的冰川分布（He and Zhou，2022）可见（图 3.66），位于哲古以南的喜马拉雅山分布着许多成片的冰川，距离哲古最近的是打拉日雪山上的冰川。因此可以判断，哲古明显的风速日变化就是以冰川风为主的局地山谷风环流造成的，而且是午后风速开始迅速增大。

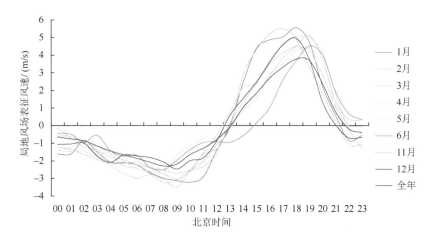

图 3.63 哲古自动气象站全年、1～6 月和 11～12 月 10m 高度局地风场表征风速的日变化特征

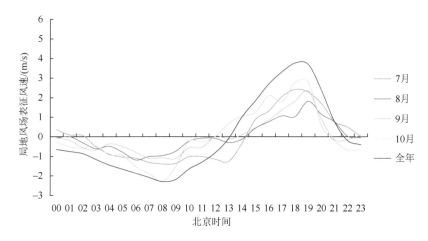

图 3.64 哲古自动气象站全年和 7～10 月 10m 高度局地风场表征风速的日变化特征

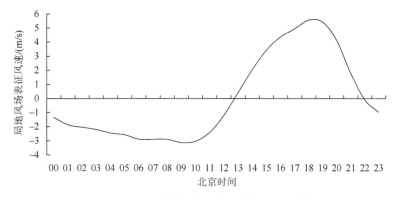

图 3.65 2022 年 1 月 6 日至 3 月 19 日哲古声雷达观测的 100m 高度局地风场表征风速日变化

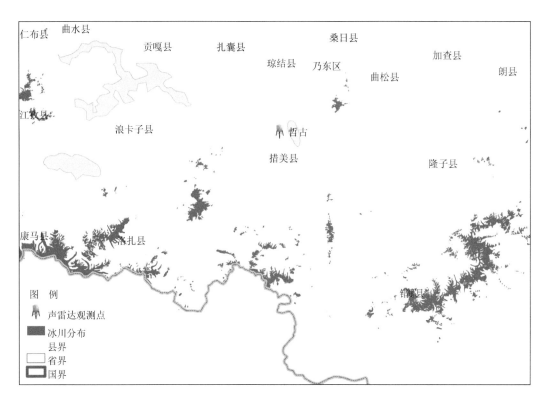

图 3.66 哲古及周边地区冰川分布
数据来源于国家青藏高原科学数据中心（http://data.tpdc.ac.cn）

以下挑选了一个典型个例加以说明。图 3.67 是 2021 年 11 月 13 日声雷达观测的风廓线时间变化，风速从 12 时的不足 4m/s 骤然增加到 13 时的 13 ~ 15m/s，15 时达到最大后开始回落，21 时以后大风过程结束。从风廓线的形状来看，10m/s 以上大风风廓线切变较小，与近地层经典相似理论基本符合；风速较小时，如 10 时、12 时和22 时，风速随高度的变化没有规律，有负切变现象，说明地形动力和热力作用导致的局地大气湍流运动比较复杂。图 3.68 是 11 月 13 日声雷达观测的 150m 高度风向和风速的时间变化，可以看到伴随着风速日变化的风向变化情况。结果发现，12 ~ 13 时风速陡增 10m/s 的同时，风向由东南风迅速转为西风，之后一直维持西风到 22 时，风速减小到 5m/s 以下后，风向转回东南风。在 11 月获得的 24 天声雷达有效观测数据中，基本都显示如此的风向和风速日变化，只是风速变化幅度不同。

为了认识哲古地区风特性的形成机制，本书采用中尺度数值模式 WRF 模拟开展研究。数值模拟区域以高原实验风电场为中心，南北方向长 360km，东西方向长720km。为了研究山谷风环流特性，在风电场及其南侧选择 A、B、C、D 共 4 个气候特征分析点（图 3.69）。风电场西南侧雪山的雪线高度全年在 5300 ~ 5700m 变化，雪线以上的温度日变化比较小，而风电场区及其南侧山下的温度会在太阳辐射的作用下，呈现明显的日出后升温、日落后降温的日变化特征。山上与山下的温差，使山顶冷而

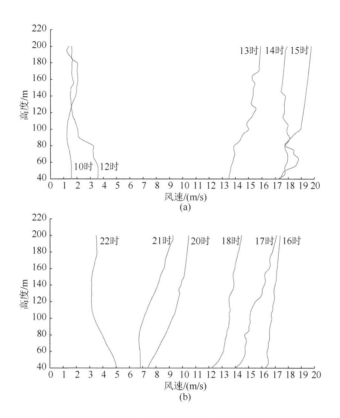

图 3.67　2021 年 11 月 13 日 10 时~ 14 日 16 时声雷达观测的风廓线时间变化特征

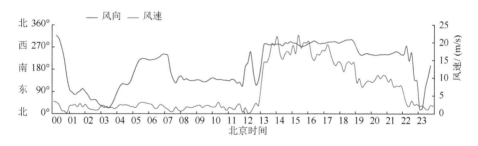

图 3.68　2021 年 11 月 13 日声雷达观测的 150m 高度风向和风速的时间变化

重的空气下滑，形成下坡风，也称为山风。图 3.70 是 2016 年 11 月 28 日至 12 月 1 日的逐小时地表热通量和 100m 高度风速的数值模拟结果，可以看出，山顶积雪对太阳辐射形成反射，地表向上输送的感热通量较大，雪地面上空气的增温较慢；雪线以下山区接受太阳辐射后升温较快。在 14 点左右，山顶与山下的地表感热通量差距达到最大；此后，伴随着山顶与山下温差的逐渐加大，下坡风形成且风速快速增加；夜间 22 时之后风速逐渐减小直至次日上午。图 3.71 给出了数值模拟得到的 B 点 2016 年各月逐小时平均风廓线的变化规律，可以明显看出，在 200m 高度附近存在超低空急流，这正是下坡风的作用。冬季超低空急流出现高度低于 200m 且持续时间长；夏季超低空急流出现高度高于 200m 且持续时间短。垂直方向风速正切变与负切变的同时存在是否对风力机的发电效率和疲劳载荷有影响，目前还没有确切的研究结论。

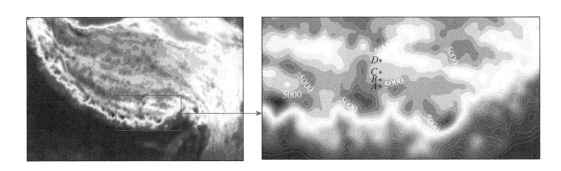

图 3.69　4 个气候特征分析点所在区域的地形示意图

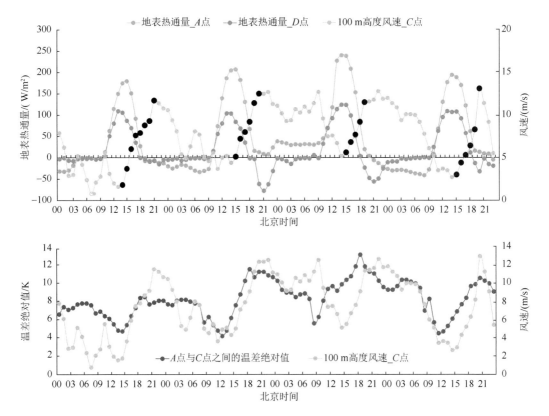

图 3.70　2016 年 11 月 28 日至 12 月 1 日逐小时地表热通量、100m 高度风速和山顶与山下的温差的数值模拟结果

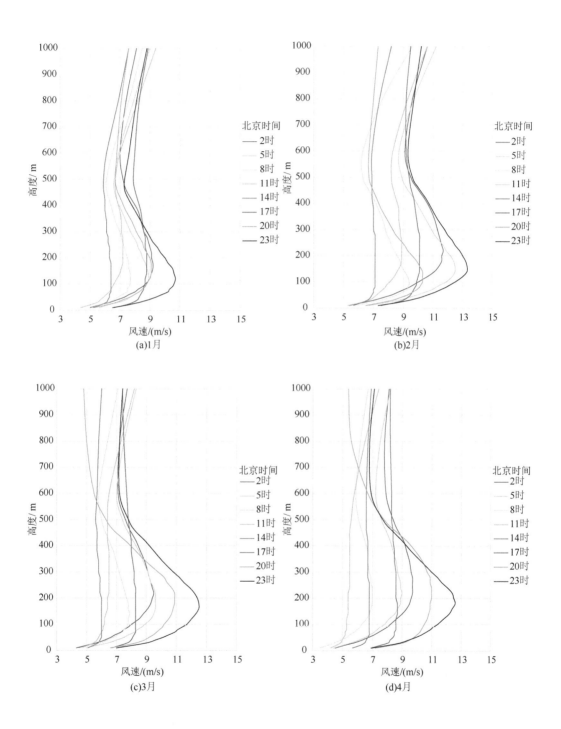

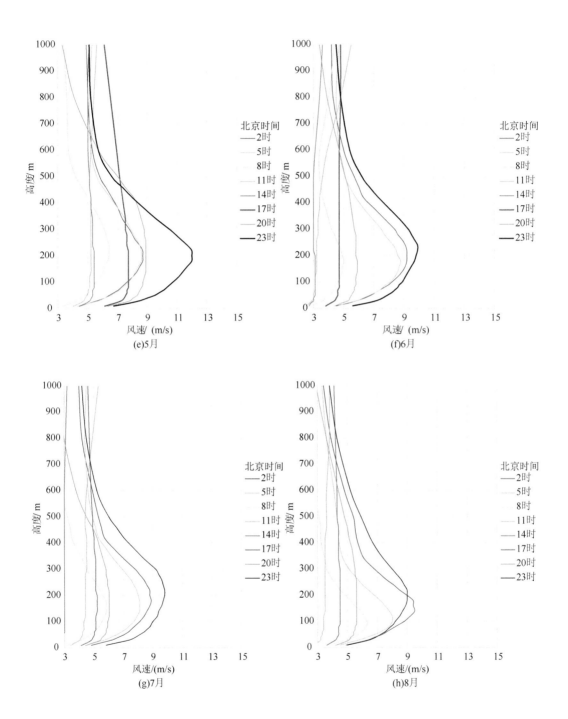

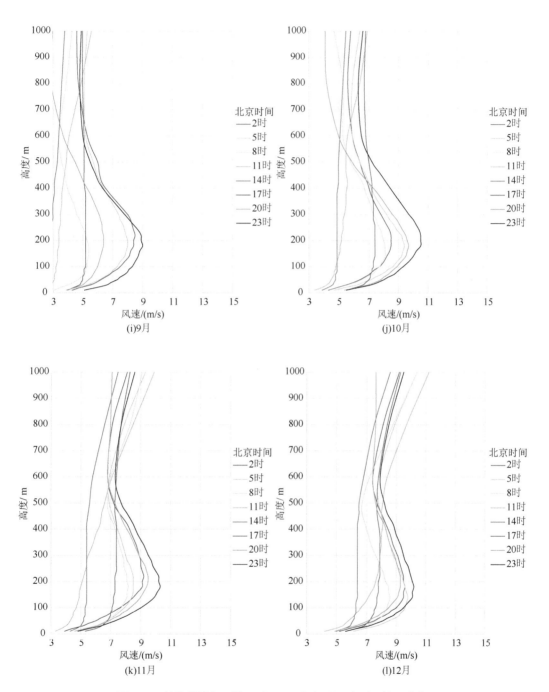

图 3.71   数值模拟得到的 B 点 2016 年各月逐小时平均风廓线

我国位于北半球的西风带，西风遇到青藏高原后形成南北两支绕流。由于青藏高原南缘呈一个西北-东南走向的弧形，北支绕流受青藏高原阻挡后的爬坡气流在冬季、春季和秋季都形成了青藏高原南部的西南风，夏季青藏高原东南部则受副热带高压影响形成东南风。打拉日雪山位于哲古的西南偏西方向,午后形成的下坡风为西南偏西向,与天气尺度背景风场的西南风叠加,产生偏西向的大风,形成该地区丰富的风能资源。

2. 定日县珠穆朗玛峰地区风能资源特性

珠峰声雷达观测点设立在位于日喀则市定日县扎西宗乡的珠峰站,海拔4276m,与珠穆朗玛峰直线距离约42km(图3.72)。珠峰站处于喜马拉雅山中的4条沟壑交叉口,4条沟壑的出口分别位于珠峰站的东北、西南、南和东南方向(图3.73)。珠峰站与西南和东南方向的山峰高度差约1000m,与西北和东北方向的山峰高度差约600m。珠峰声雷达观测实验于2020年11月10日至2021年1月5日进行,经质量控制后,共获得有效观测数据42天。

图 3.72 珠峰声雷达探测点的地理位置

采用珠峰站提供的2020年地面气象观测资料,经质量控制后,获得全年和各月风向和风速玫瑰图(图3.74和图3.75),观测高度10m。分析表明,第一主导风向为北北东,出现频率16%,平均风速3.5m/s;其后依次为南风、南南东、南南西,出现频率分别为11%、10%和10%,平均风速分别为4m/s、6.7m/s和3.5m/s。下坡风(即山风)顺山势下至谷地,在天气尺度背景风场的驱动下,沿山间沟壑运动,所以珠峰站观测的风速主要来自沟壑出口。珠峰站东北方向只有一个沟壑出口,而南侧地势相对平坦、开阔,有3个沟壑的出口汇聚,因此南风频率较高,风向南南东、南风、南南西和西南风的出现频率占比 31%。平均风速最大的前三个风向为西南风、南南东和西风，平均风速分别为 7.5m/s、6.7m/s 和 6.4m/s，正是南部 3 个沟壑的出口位置。从各月的风速和风向玫瑰图来看（图 3.75），每个月北北东风向都有一定的出现频率；1～4 月和 11～12 月盛行南偏西风；5～9 月盛行南南东风；10 月盛行南风，这与天气尺度背景风场的气候特征一致。

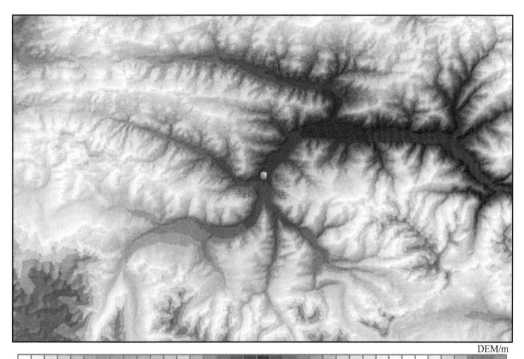

DEM/m

0　500 1000 2000　　3000　　3200　　3400　　3600　3800　　4000　　4200　　4400　4600　4800　　5000　5200 5300 5500 6000 7000 8000

图 3.73　珠峰声雷达探测点周边地形

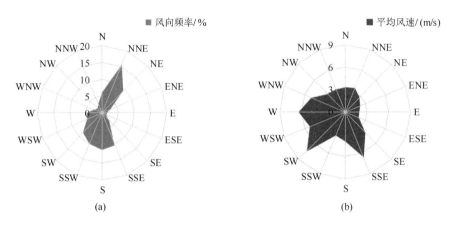

图 3.74　珠峰站 2020 年 10m 高度风向（a）和风速（b）玫瑰图（静风频率 2%）

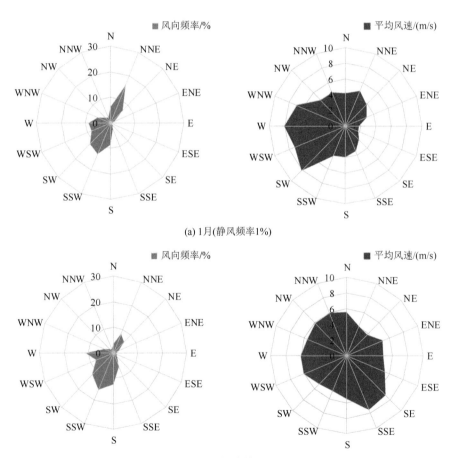

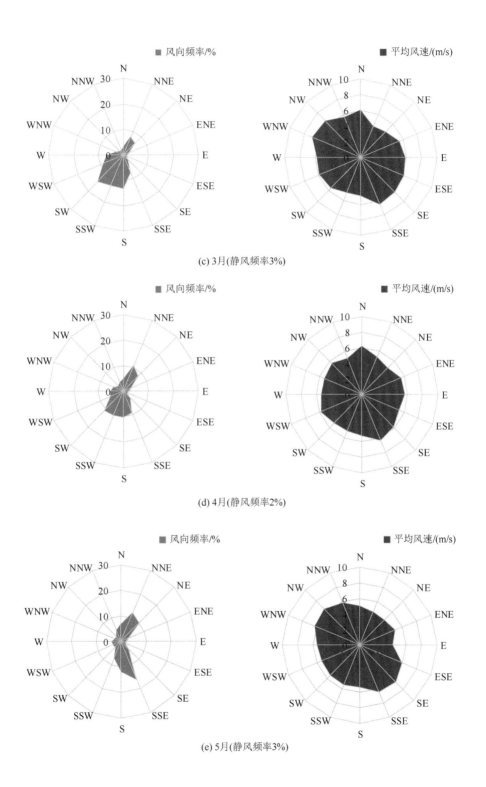

(c) 3月(静风频率3%)

(d) 4月(静风频率2%)

(e) 5月(静风频率3%)

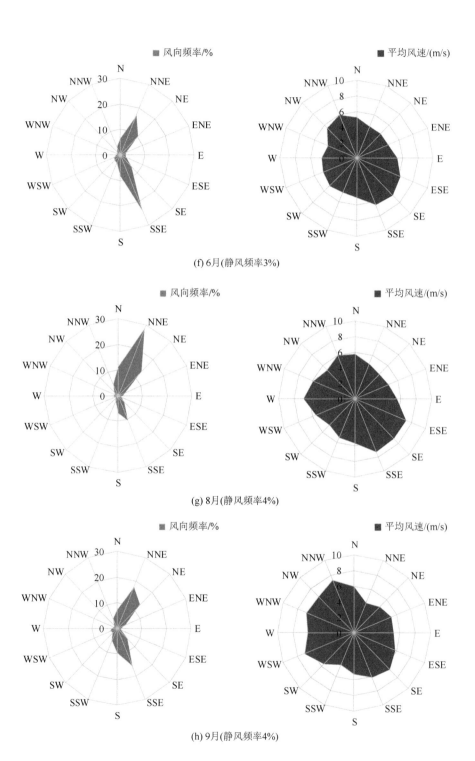

(f) 6月(静风频率3%)

(g) 8月(静风频率4%)

(h) 9月(静风频率4%)

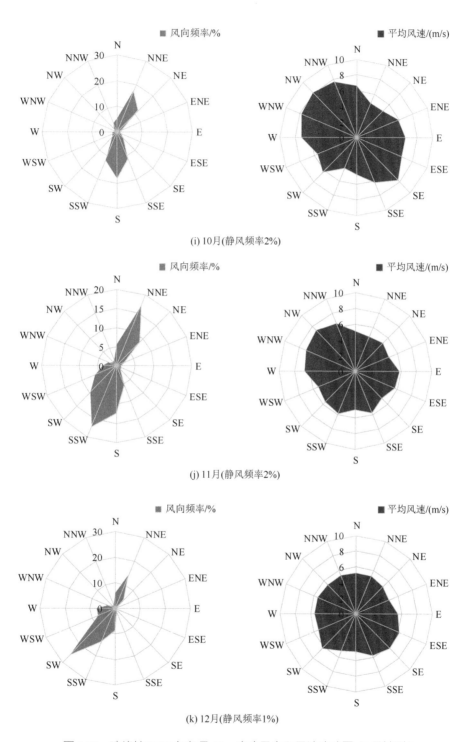

图 3.75　珠峰站 2020 年各月 10m 高度风向和风速玫瑰图（7 月缺测）

珠峰站位于喜马拉雅山中，在地形的动力和热力作用下，风速的日变化显著。采用 2020 年珠峰站气象观测资料，分析得到的局地风场表征风速随时间的变化如图 3.76 所示。可以看出，0 时至 12 时是全天风速最小的时段，其间的风速随时间变化较小；13 时开始风速逐渐增大，18 时风速达到全天最大值，之后风速逐渐变小。年平均局地风场表征风速的最大日变幅为 5.4m/s，比处于冈底斯山小湖盆中的日土站高 2.8m/s；6 月局地风场表征风速日变幅最大，达到 8.6m/s；11 月局地风场表征风速日变幅最小，为 3.7m/s。采用珠峰声雷达获取的 42 天有效数据分析得到，珠峰站 100m 高度上也具有同样的局地风场表征风速日变化特征（图 3.77）。图 3.78 为定日县及周边地区的冰川分布（He and Zhou, 2022），可以看出，此地区是藏南谷地冰川分布最密集的地区。因此，以冰川风为主导的局地山谷风环流，形成了珠峰站所在地区午后起风的风速日变化规律。

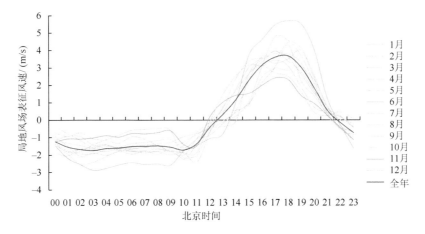

图 3.76　珠峰站 2020 年 10m 高度局地风场表征风速的逐小时变化

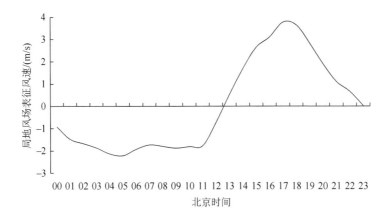

图 3.77　珠峰声雷达观测期间的 42 天 100m 高度局地风场表征风速的日变化

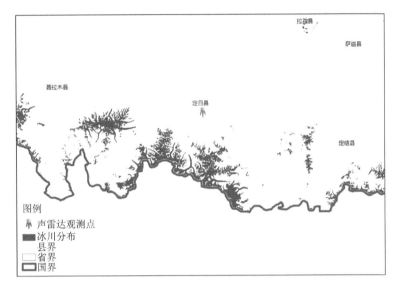

图 3.78　定日县及周边地区冰川分布

数据来源于国家青藏高原科学数据中心（http://data.tpdc.ac.cn）

　　从珠峰声雷达观测的风廓线可以到两个特点（图 3.79）：第一，当近地层风速小于 5m/s 时，风速垂直分布则变得十分不均匀，风廓线形状变化多端，说明在地形的动力和热力作用下，近地层大气湍流运动活跃；第二，在 100m 高度以下，经常出现风切变较大的现象，如 2020 年 12 月 16 日 18 时，100m 高度以下的风切变指数达到 0.28[图 3.79（a）]。此外，中午以后的风速增大速度很快，如 12 月 16 日 13 ～ 14 时，100m 高度风速增加 3.5m/s；12 月 22 日 13 ～ 14 时，100m 高度风速增加 3.8m/s。说明午后雪峰与谷地的温差导致的压力差与冷空气重力共同作用下，产生的下坡风速度很大。

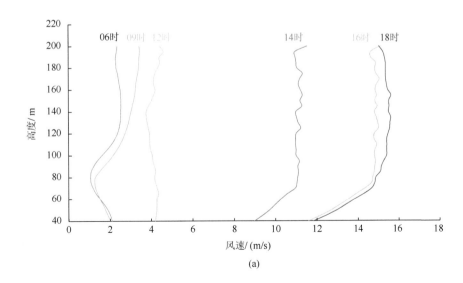

(a)

117

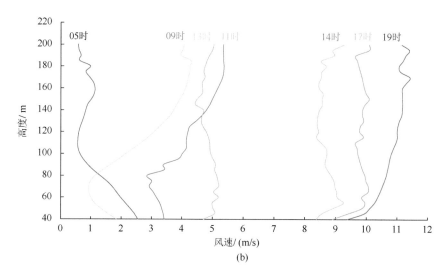

图 3.79 2020 年 12 月 16 日（a）和 22 日（b）声雷达观测的风廓线随时间变化

图 3.80 是珠峰声雷达观测的 2020 年 12 月 16～18 日 100m 高度风向和风速逐小时变化，可以代表观测得到的 42 天风速变化的共性特征，从中不仅可以看到风速的日变化特征，也可以发现风向的日变化特征。每天后半夜 2 时左右至次日上午 11 时左右，有稳定的偏西南风向；午后 15 时左右至夜晚 22 时左右，有稳定的南风或西南风；在上述两个时段之间的大约 4 个小时，风向必转为东北风。这充分说明了珠峰站受山谷风环流控制，每日山风、谷风定时切换，在山风和谷风转换时，山谷风环流风速减弱，东北风暂时占据上风。42 天的观测数据分析表明，在山风、谷风转换时段，风一定来自东北方向的沟壑出口；无论是山风主导，还是谷风主导的情况下，风都有可能来自西南、南、东南三个沟壑出口之一。

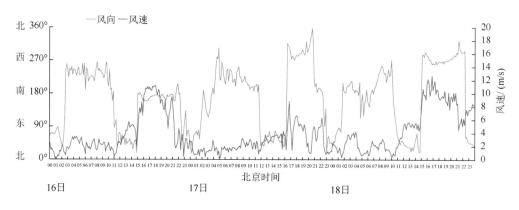

图 3.80 珠峰声雷达探测的 2020 年 12 月 16～18 日 100m 高度风向和风速随时间变化

第4章

青藏高原风能资源的数值模拟分析

本章采用由天气型分类、中尺度气象模式 WRF 和地形动力诊断模式 CALMET 组成的中国气象局风能资源数值模拟评估系统（WERAS/CMA），通过数值模拟得到水平分辨率 1km×1km 的 30 年风能参数统计结果，分析青藏高原风能资源空间分布；采用中尺度气象模式 WRF，通过水平分辨率 9km×9km 的 20 年逐小时数值模拟，分析风能资源时间变化规律。最后，采用中国地区 0.25°×0.25° 的格点化观测数据集和 3 个区域气候模式数值模拟分析风能资源的长年代变化规律。

4.1　青藏高原风能资源的时空分布特征

4.1.1　空间分布特征

从全国 100m 高度年平均风速数值模拟结果（图 4.1）可以看出，由于中国位于北半球中纬度地区，对流层以上大气自西向东运动，且中国的地形分布特征总体上为西高东低，自西向东呈 3 个阶梯逐级下降，因此，由于气流爬升加速，西风气流在青藏高原顶部形成了青藏高原西部的较大风速区；青藏高原的下游地区受地形阻挡成为明显的小风速区。此外，塔里木盆地、准噶尔盆地、柴达木盆地等也是小风区。在第 1 阶梯地形上，青藏高原中部和西部的 100m 高度年平均风速均在 7m/s 以上。历史气象站观测资料也表明青藏高原是中国三个大风多发区之一，年大风日数（出现瞬时风速达

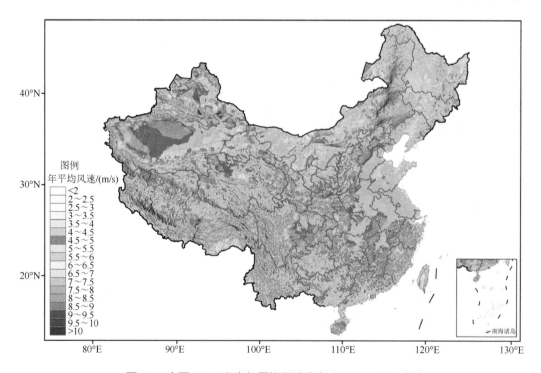

图 4.1　全国 100m 高度年平均风速分布（1979 ～ 2008 年）

到或超过 17m/s 的日数）多达 75 天以上。其他年平均风速均在 7m/s 以上的陆上区域
分布在蒙古高原、黄土高原、云贵高原以及位于阿尔泰山南侧的新疆准噶尔盆地北缘
和博格达山北侧地区。高原空气密度较低，与平原相比，相同的风速下风能偏小。由
于风功率密度等于 1/2 的空气密度乘以风速的 3 次方，因此采用考虑了空气密度的年
平均风功率密度表达风能资源开发潜力，对比不同地区的风能资源开发潜力更为合
理。根据中华人民共和国能源行业标准《风电场工程风能资源测量与评估技术规范》
（NB/T 31147—2018），距地面 100m 高度上，风能资源等级为 3 级时的年平均风功率密
度为 410～540W/m²。因此，本章将 100m 高度上年平均风功率密度等于 400W/m² 作为
青藏高原可开发利用风能资源的下限值。从图 4.2 可以看出，在考虑了空气密度的条件下，
青藏高原地区仍然是中国风能资源最丰富的地区之一。全国 100m 高度年平均风功率密
度达到 400W/m² 的大片地区主要包括：西藏的藏北高原和冈底斯山地区；新疆的博格达
山北侧、甘肃北山、内蒙古阴山北侧、大兴安岭及其南部地区以及滇东高原地区。

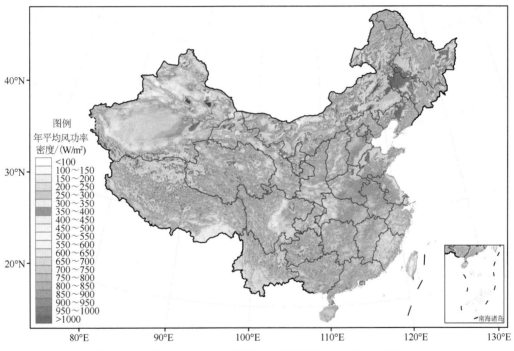

图 4.2　全国 100m 高度年平均风功率密度分布（1979～2008 年）

　　青藏高原西部年平均风功率密度 400W/m² 以上的风能资源远远大于东部（图 4.3～
图 4.6）。一方面是因为青藏高原的阻挡使西风气流爬升并在青藏高原顶部造成气流受
挤压而形成加速；另一方面青藏高原西部分布着更多的大起伏高山和极高山，局部地
形和动力、热力作用进一步加强了低层大气运动。青藏高原风能资源分布形态与高原
上的地形紧密相关，西部的藏北高原上风能资源沿冈底斯山、昆仑山西段和可可西里
山呈东西向分布；东南部沿唐古拉山和念青唐古拉山东段以及横断山脉呈西北 - 东南
向分布；青海高原和祁连山地的风能资源分布比较零散。

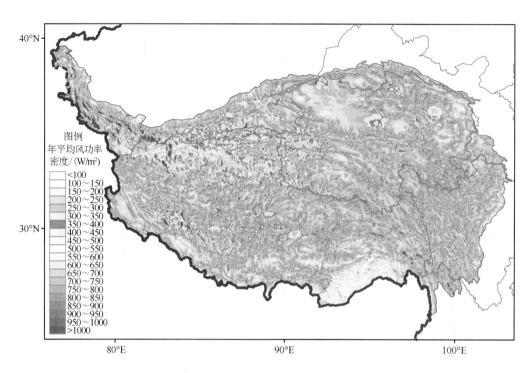

图 4.3　青藏高原 80m 高度的年平均风功率密度分布

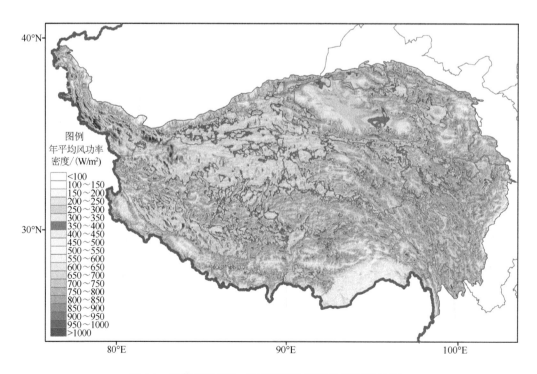

图 4.4　青藏高原 100m 高度的年平均风功率密度分布

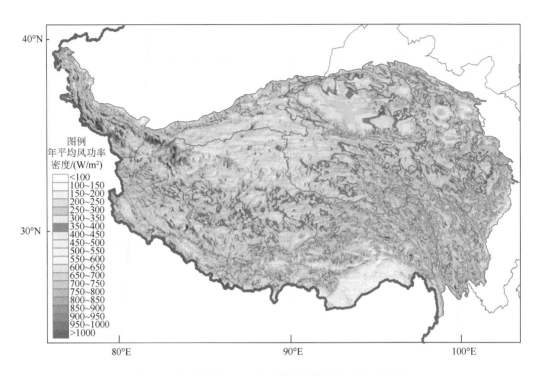

图 4.5 青藏高原 120m 高度的年平均风功率密度分布

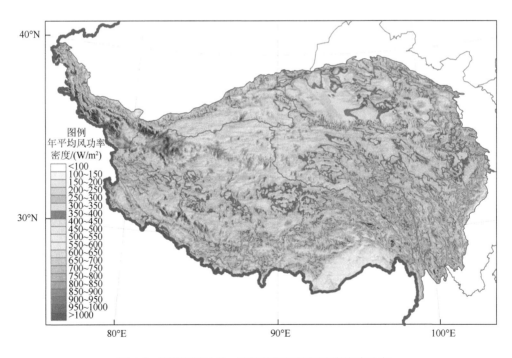

图 4.6 青藏高原 140m 高度的年平均风功率密度分布

青海省年平均风功率密度 400W/m² 以上的风能资源主要分布在玉树州西部和青海省西南的格尔木辖区、青海湖及南部共和县的沙珠玉河流域、海西州东北部天峻县与德令哈市交界的疏勒南山与野牛脊山之间的哈拉湖地区，以及海西州北部俄博梁地区和茫崖花土沟以西的阿卡托山南侧。年平均风功率密度 300～400W/m² 的风能资源主要分布在海西州都兰县东北部的阿木尼克山南侧地区。

西藏自治区 100m 高度上年平均风功率密度 400W/m² 以上的风能资源主要分布在：阿里地区的日土县、改则县北部、革吉县和措勤县；那曲市尼玛县和双湖县的北部、日喀则市仲巴县和昂仁县；纳木错及周边；山南市浪卡子县和措美县。还有一些零散的年平均风功率密度 400W/m² 以上的风能资源分布在林芝市波密县与昌都市洛隆县交界地带、昌都市八宿县和左贡县。

除青海省和西藏自治区以外，青藏高原 100m 高度上还有年平均风功率密度 600W/m² 以上的风能资源还分布在新疆维吾尔自治区克孜勒苏柯尔克孜自治州阿克陶县，喀什地区塔什库尔干塔吉克自治县和叶城县南部，和田地区皮山县、和田县和策勒县的南部。年平均风功率密度 400～600W/m² 的风能资源主要分布于新疆和田地区与西藏阿里地区交界的地带，此外还分布于四川甘孜藏族自治州理塘县。

图 4.7～图 4.9 为青藏高原年平均风电功率密度随高度的变化。可以发现，在很多区域出现了 100m 高度年平均风功率密度比 80m 高度的明显偏小现象。这种现象主要发生在主要山脉的山峰顶部，如喜马拉雅山、冈底斯山、念青唐古拉山、昆仑山、喀喇昆仑山、阿尔金山和祁连山等；此外，还发生在具有较大起伏中、高山的复杂地形地区，如横断山区、林芝地区和青海高原东部地区。120m 高度年平均风功率密度相对于 100m 高度、140m 高度年平均风功率密度相对于 120m 高度，绝大多数地区都没有

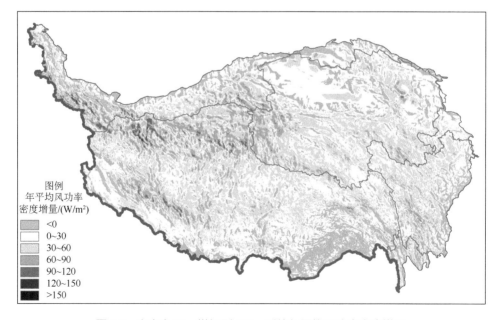

图 4.7　高度由 80m 增加到 100m 后的年平均风功率密度增量

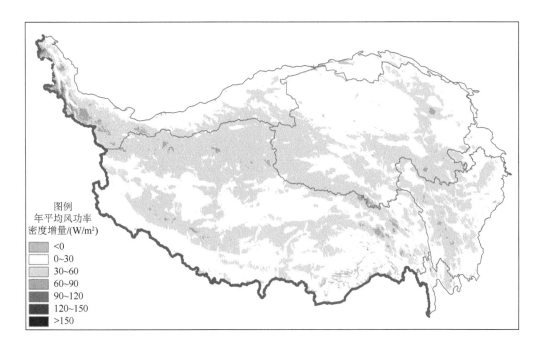

图 4.8　高度由 100m 增加到 120m 后的年平均风功率密度增量

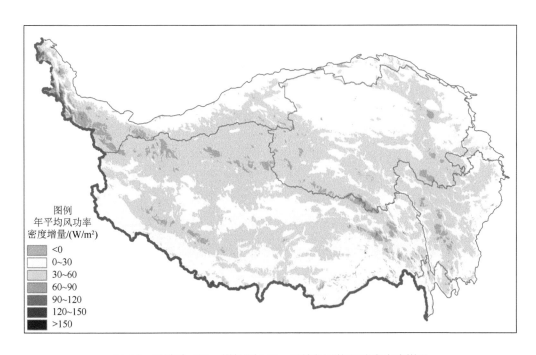

图 4.9　高度由 120m 增加到 140m 后的年平均风功率密度增量

出现年平均风功率密度随高度逆增长的现象,只有林芝地区和祁连山最西端还有少量出现。说明这种风速随高度的负增长现象就是典型的气流翻山导致的山顶风加速,风加速的最大区在100m高度以下。由于数值模拟与实际观测是有偏差的,需要有观测数据来校正,目前青藏高原高山顶部的测风数据还较少见。但是在非较大起伏的中、高山顶部地区,年平均风功率密度随高度是明显增加的。

风能环境指数反映地面至风能利用高度范围内整体的风能资源开发潜力,也反映风能资源的品质。在垂直范围内平均风速相同的条件下,垂直切变较小的风况相对垂直切变较大,甚至是下层正切变、上层负切变的风况更有利于风电机组发电。本章计算风能环境指数的垂直范围是地面至300m高度,图4.10为青藏高原年平均风能环境指数分布图。从青藏高原整体上看,年平均风能环境指数与80m、100m、120m和140m高度年平均风功率密度分布形态基本一致;具体到地区或县级范围,风能环境指数分布代表地面至300m高度范围的风能资源,与哪一个高度层的平均风功率密度分布都不一样。比较明显的不同在纳木错和青海湖,在80m、100m、120m和140m高度年平均风功率密度分布图上,纳木错和青海湖都是高值中心;但是在年平均风能环境指数图上,纳木错和青海湖的距离所在区域的高值中心比较远。说明湖面上只是近湖面层风速较大,随着高度的增加,湖陆风效应慢慢消失。此外,从图4.10上发现,在藏南谷地,喜马拉雅山东段的北坡至雅鲁藏布江以北有一条年平均风能环境指数大于130W/m²,从日喀则定日县北部到山南加查县的东西走向条带;还有青海茫崖的祁漫塔格山北坡、纳木错西侧班戈县到申扎县的念青唐古拉山北坡,这些都是值得进一步考察的、开发潜力很好的风能资源地区。

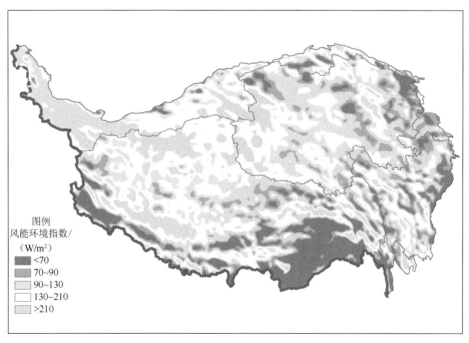

图4.10 青藏高原年平均风能环境指数分布

4.1.2 时间变化特征

青藏高原平均风速的月变化波动较大（图 4.11），绝大部分地区是 2 月平均风速最大，8 月最小。2 月，除念青唐古拉山地区以外，藏北高原、藏南谷地、川藏高山峡谷、

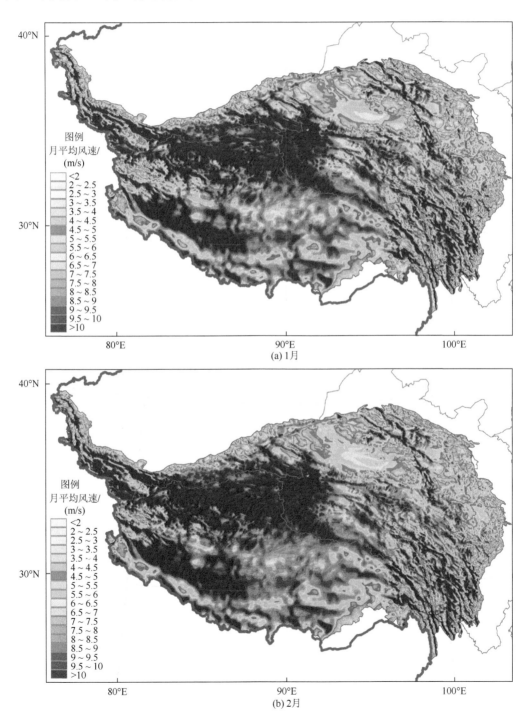

(a) 1月

(b) 2月

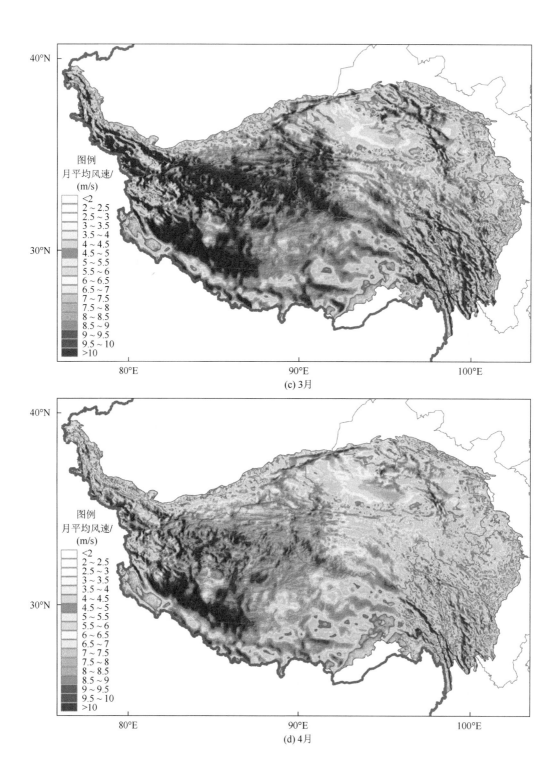

(c) 3月

(d) 4月

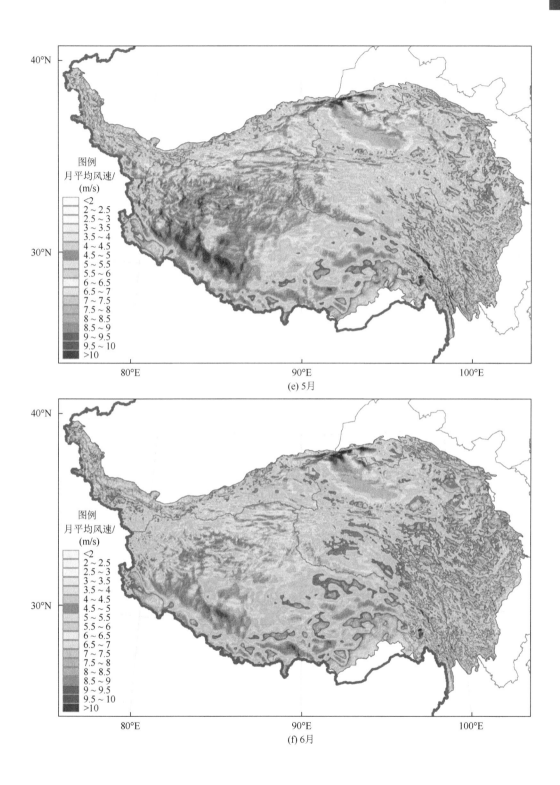

(e) 5月

(f) 6月

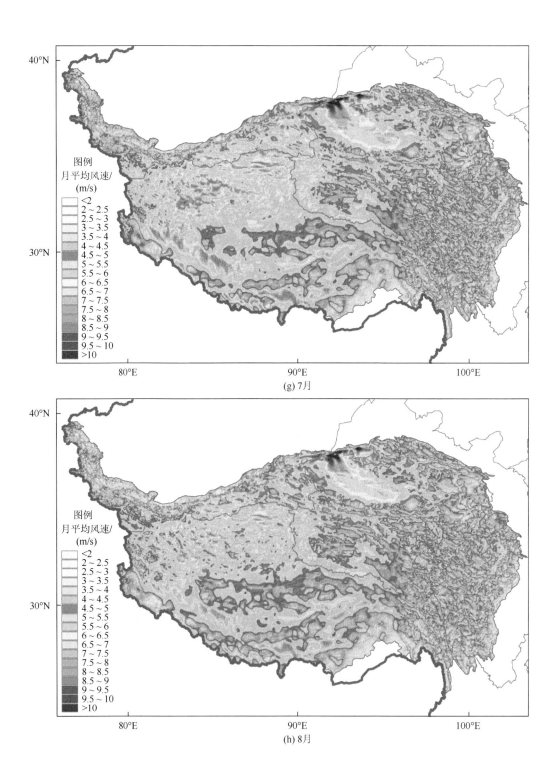

(g) 7月

(h) 8月

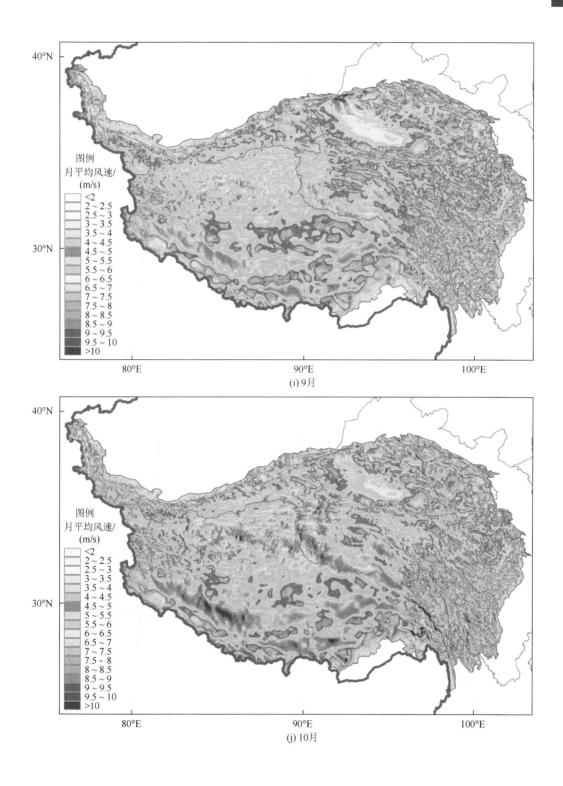

(i) 9月

(j) 10月

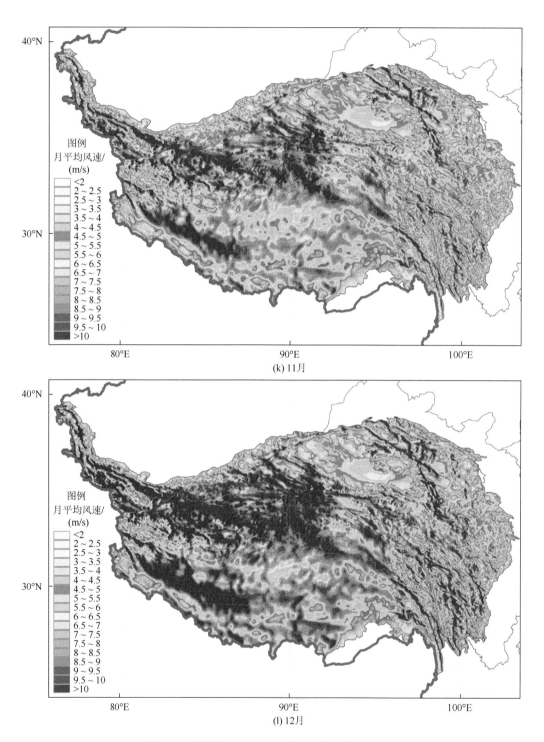

(k) 11月

(l) 12月

图 4.11　青藏高原 100m 高度月平均风速分布图

青海高原南部和祁连山地南部等地区 100m 高度的月平均风速都超过了 10m/s，念青唐古拉山地区月平均风速也达到 9m/s。8 月，藏北高原和藏南谷地 100m 高度的月平均风速普遍为 5 ～ 6m/s，个别地区可达 6 ～ 7.5m/s；川藏高山峡谷、祁连山地和青海高原地区 100m 高度的月平均风速在 3 ～ 5m/s，个别地区可达 6m/s。

冈底斯山地区全年大风持续时间长达 6 个月，1 ～ 4 月和 11 ～ 12 月 100m 高度的月平均风速均在 9m/s 以上。其次是昆仑山西段、可可西里山、唐古拉山、三江源和横断山脉地区，1 ～ 3 月和 11 ～ 12 月的月平均风速均在 9m/s 以上，全年大风持续时间达 5 个月。祁连山地的托勒山和大通山地区全年大风持续时间也长达 5 个月，1 ～ 3 月和 11 ～ 12 月的月平均风速均在 9m/s 以上。藏南谷地东部 1 ～ 3 月和 12 月的月平均风速均在 9m/s 以上，全年大风持续时间达 4 个月。念青唐古拉山地区全年大风持续时间为 3 个月，1 ～ 2 月和 12 月的月平均风速可达 9m/s。

柴达木盆地的平均风速月变化与青藏高原其他地区有所不同。3 ～ 8 月柴达木盆地的大部分地区 100m 高度的月平均风速超过 6.5m/s；4 ～ 6 月柴达木盆地的大部分地区 100m 高度的月平均风速超过 7m/s。柴达木盆地最北端的阿尔金山南侧地区全年 12 个月 100m 高度的月平均风速都超过 7m/s，3 ～ 8 月的月平均风速都超过 9m/s。这是因为青藏高原的北支绕流经过天山山脉以后，一部分向南折返，形成了阿尔金山东段北侧的偏北气流。偏北气流从阿尔金山西段和祁连山交界地势相对较低的地带流入柴达木盆地，从而导致了柴达木盆地最北端的阿尔金山南侧地区全年 12 个月风能资源都较好。从本书第 3 章青藏高原大尺度风场气候背景分析可知，夏季藏北高原上空有一条东西走向的气流辐合切变线贯穿高原，切变线以南偏南风，切变线以北偏北风。这对柴达木盆地北端的偏北气流深入腹地起到了促进作用，所以夏季柴达木盆地风能资源比较丰富。而冬季青藏高原上空是有组织的、强劲的西南气流，大大削弱了柴达木盆地北端的偏北风，因此冬季柴达木盆地大部分地区的风能资源不如夏季。由于柴达木盆地的海拔为 2600 ～ 3000m，风电开发难度相对于藏北高原等地区容易得多，因此柴达木盆地的风能资源有较好的利用价值。

分析 1995 ～ 2016 年逐年平均风速相对于常年（1995 ～ 2014 年）的距平得到，昆仑山和可可西里山地区、喜马拉雅山东段地区以及川藏高山峡谷地区的年平均风速波动幅度大约 2m/s；祁连山地区年平均风速波动幅度大约 2.5m/s；冈底斯山地区年平均风速波动幅度大约 3.5m/s；青海高原年平均风速波动幅度相对较小，大约 1.5m/s；柴达木盆地年平均风速波动幅度更小，只有 1m/s。冈底斯山地区 2010 年平均风速较常年平均偏低 1.0 ～ 1.5m/s，2012 年平均风速较常年平均偏高 1.5 ～ 2.0m/s（图 4.12）。

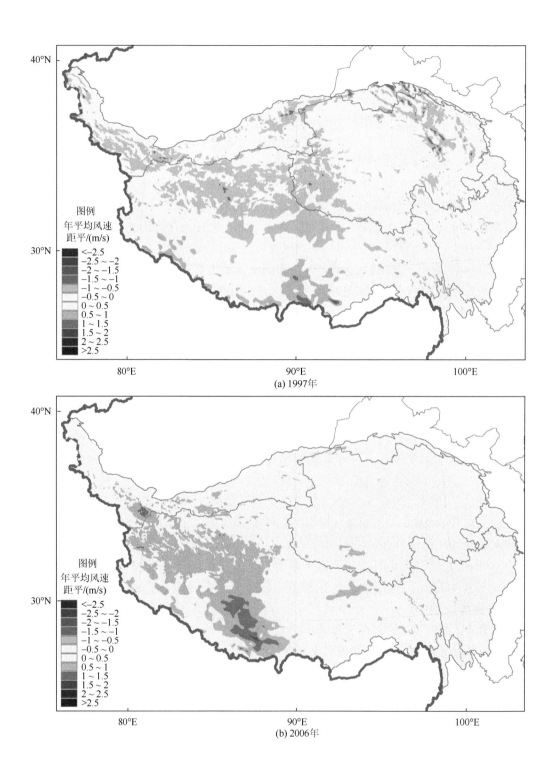

(a) 1997年

(b) 2006年

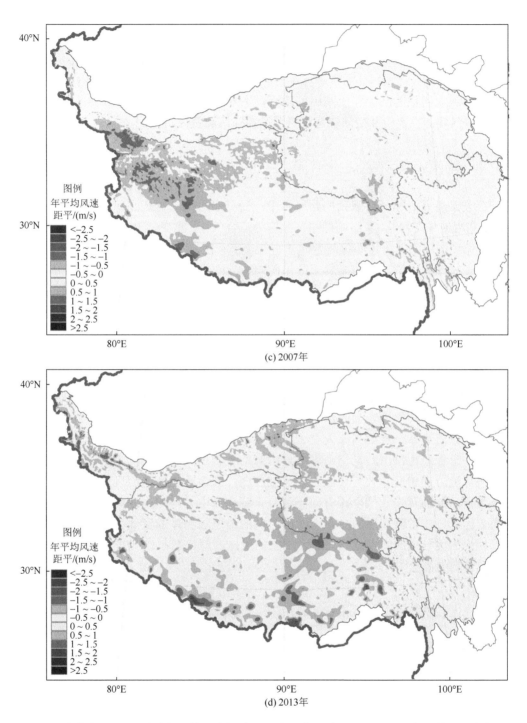

图 4.12　青藏高原 100m 高度年平均风速相对于 20 年平均风速（1995 ～ 2014 年）的距平分布图

4.2　青藏高原风能资源的形成机制

山谷风环流与天气尺度背景风场叠加产生加强效应，是形成青藏高原丰富的风能资源的根本原因。青藏高原的气压场及相应的流场具有冬、夏季两种基本相反的形式，青藏高原上大起伏的高山和极高山的地形动力和热力效应比低海拔山地要强很多，因此，季风气候和主要山脉走向决定了青藏高原的风能资源特性。

4.2.1　青藏高原冬季风能资源的形成机制

冬季，青藏高原处于强劲的西风带中，受高原阻挡，青藏高原主体的西部上空分为南、北两支分支气流，青藏高原东部上空为汇合气流。北支气流绕过天山后向南折转；南支气流经印巴大陆、孟加拉湾后向北折转（丁一汇，2013）。在青藏高原的最西端，西风受青藏高原阻挡后，分成爬流分量和南、北两支绕流分量，爬流分量和绕流分量的强度相当。由于青藏高原的外形是一个"梨"形，其主要山脉喜马拉雅山、冈底斯山、昆仑山的西段都是西北 - 东南走向的，尤其是喜马拉雅山西段，南支气流被山体阻挡形成近地面层以西南风为主的爬流。近地面层西南风与高空南支气流配合，形成了冬季青藏高原中、西部深厚的以西南风为主的大气环流背景。

青藏高原的地形特点是大起伏高山和极高山与开阔的湖盆、宽谷错落分布，且很多山峰常年积雪，冬季积雪覆盖面积更大。因此，只要天气晴朗，雪地表面与裸土表面温差急剧增加，形成较大的水平气压梯度力，很容易形成午后较大的从山峰吹向盆地的山风。而且冬季青藏高原天空云量较夏季明显减少，光照充足。喜马拉雅山、冈底斯山、念青唐古拉山、昆仑山等主要山脉南坡的山风以东北风为主，与青藏高原背景大气环流方向相反，大气环流的风速被削弱；而山脉北坡的山风以西南风为主，与冬季青藏高原的背景大气环流方向一致，青藏高原中、西部的西南风得到加强，风速加大。因此，在青藏高原的冬季，西南风向的山风与深厚的背景大气环流叠加，形成了以西南为主导风向的青藏高原非常丰富的风能资源。图4.13是冬季青藏高原风能资源形成机制的概念图。

4.2.2　青藏高原夏季风能资源的形成机制

夏季，西风带气流退至青藏高原以北，青藏高原上空是西风气流与季风气流直接汇合形成的500hPa切变线（丁一汇，2013）。青藏高原以北的西风带北支气流经过天山山脉后向南折转，形成了青藏高原北缘的东北风急流，并翻越阿尔金山在青藏高原北部形成以偏北风为主的爬流。青藏高原东南侧受副热带高压北抬的影响，形成一个反气旋，导致青藏高原东南地区的有组织的东南风；青藏高原西南侧绕流为西北偏西风，形成青藏高原西南地区以西南风为主的爬流。最终，青藏高原北部的偏北风与南部的偏南风在冈底斯山北侧交汇，在近地面层形成了一条横贯青藏高原的、与500hPa风场配合的气候辐合切变线。如此大范围南北动量交换，大大减弱了夏季青藏高原大气的水平运动。夏季山顶积雪覆盖面积减少，日间山峰与盆地之间的温差较冬季减小，山谷风作用也有所减弱。因此，夏季是青藏高原风能资源不丰富的季节。

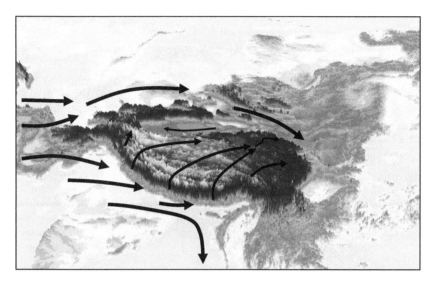

图 4.13　冬季青藏高原风能资源形成机制概念图

　　但是，柴达木盆地北部的冷湖地区是个例外。由于夏季青藏高原以北的低空常有一连串的反气旋涡旋，西风带的北支气流经过天山山脉向南折转后，可以获得足够的能量翻越阿尔金山和祁连山。偏北气流从阿尔金山与祁连山交界的山口进入柴达木盆地，造成了从山口向东南方向伸展的急流区，形成了 4～9 月冷湖地区丰富的风能资源。图 4.14 是夏季青藏高原风能资源形成机制的概念图。

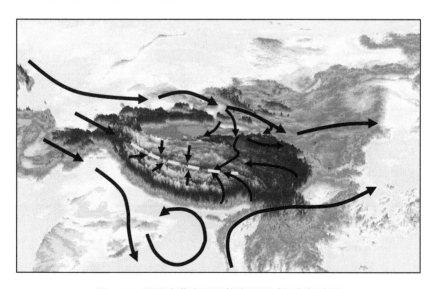

图 4.14　夏季青藏高原风能资源形成机制概念图

4.3 青藏高原风能资源的气候变化特征

4.3.1 青藏高原风能资源长期变化特征

　　基于中国地区 0.25°×0.25° 的格点化观测数据集 CN05.1（吴佳和高学杰，2022）分析了青藏高原地区 1961～2020 年四个季节和年平均风速的长期变化趋势分布（图 4.15）。从图中可以看到，青藏高原地区近 60 年来（1961～2020 年）季节和年平均地表风速总体呈现下降趋势。地表年平均风速减少趋势值为 0.12m/（s·10a），减少的大值区位于青藏高原北部。春、夏、秋、冬四个季节中，春季变化最显著，区域平均的地表风速减小趋势值为 0.17m/（s·10a），其他三个季节差异不明显，区域平均地表风速减小趋势约为 0.10m/（s·10a）。

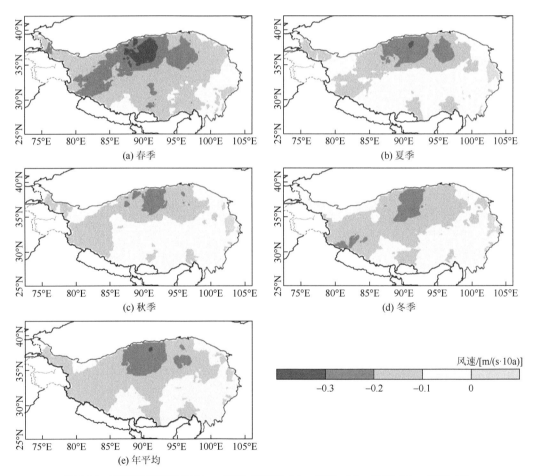

图 4.15　青藏高原地区 1961～2020 年春季（a）、夏季（b）、秋季（c）、冬季（d）和年平均（e）地表风速变化趋势分布

　　春季，整个青藏高原地区的地表风速都表现出减小的趋势，青藏高原东南部变化幅度相对较小，北部昆仑山及柴达木盆地附近的减少趋势最显著，达 0.2m/(s·10a) 以上。夏季，青藏高原除东部有小范围增加区域外，大部分地区的地表风速均表现出减小的趋势，减小的大值区仍然位于北部昆仑山及柴达木盆地附近，达 0.2m/(s·10a) 以上，其他大部分地区变化幅度在 ±0.1m/(s·10a) 之间。秋季，青藏高原东部有小范围增加区域，其余大部分地区的地表风速均表现为减小，减小的大值区仍然位于区域北部和西部，达 0.1m/(s·10a) 以上，其他大部分地区变化幅度在 ±0.1m/(s·10a) 之间。冬季，青藏高原地表风速的变化趋势总体跟秋季类似，减小的大值区仍然位于区域北部和西部，但范围较秋季要大。

　　青藏高原地区 1961～2020 年四个季节平均和年平均风速的逐年变化序列由图 4.16 给出。从图中可以看到，近 60 年来季节平均和年平均地表风速表现出在 2000 年之前呈明显下降趋势，2001～2010 年无明显变化，2010 年之后又有所增加的特征。四个季节及年平均风速总体的年代际变化特征较为类似，其中冬、春季年际变率比夏、秋季要大。青藏高原四个季节的地表风速在 20 世纪 70～80 年代增加最显著，增加值约为 0.4m/s，减小最明显的时段出现在 2000～2010 年，减小值约为 0.4m/s。随后，将 1961～2000 年和 2011～2020 年这两个具有显著差异的时段分别进行分析，变化趋势值由表 4.1 给出。从表中可以看到，1961～2000 年，青藏高原四个季节区域平均

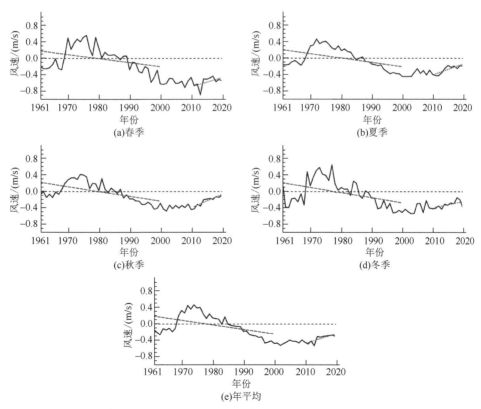

图 4.16　青藏高原地区 1961～2020 年春季 (a)、夏季 (b)、秋季 (c)、冬季 (d) 和年平均 (e) 地表风速逐年变化（相对 1970～2000 年）序列

的地表风速减小趋势值为 0.10 ～ 0.13m/(s·10a)（均通过 95% 的信度检验），其中冬季下降最显著，为 0.13m/(s·10a)，年平均地表风速减小趋势值为 0.11m/(s·10a)。2011 ～ 2020 年，四个季节区域平均的地表风速增加趋势值为 0.15 ～ 0.33m/(s·10a)，其中夏季和秋季的增幅最大，分别达 0.27m/(s·10a) 和 0.33m/(s·10a)，变化趋势通过 $p < 0.05$ 显著性检验。冬季的增加趋势值最小，仅为 0.15m/(s·10a)，年平均地表风速为显著减小，减小趋势值为 0.24m/(s·10a)。

　　为进一步分析城市化对青藏高原风速变化的影响，根据图 2.1 挑选出青藏高原观测环境评分超过 90 分的站点一共 21 个，将 CN05.1 格点风速数据插值到这 21 个站点上，随后计算 21 个站点平均的 1961 ～ 2020 年逐年风速变化，结果由图 4.17 和表 4.1 给出。可以看到，青藏高原地区受城市化影响较小的区域近 60 年来季节平均和年平均地表风速变化在 2010 年之前总体上和整个青藏高原地区的变化类似（图 4.17），表现为在 2000 年之前呈明显下降趋势，2001 ～ 2010 年无明显变化。但 2010 年之后，青藏高原区域平均有增加的趋势，而受城市化影响小的区域则无明显变化或者总体为弱的减小趋势。四个季节及年平均风速总体呈类似的年代际变化，其中冬、春季年际变率比夏、秋季要大。青藏高原四个季节的地表风速在 20 世纪 70 ～ 80 年代增大最显著，

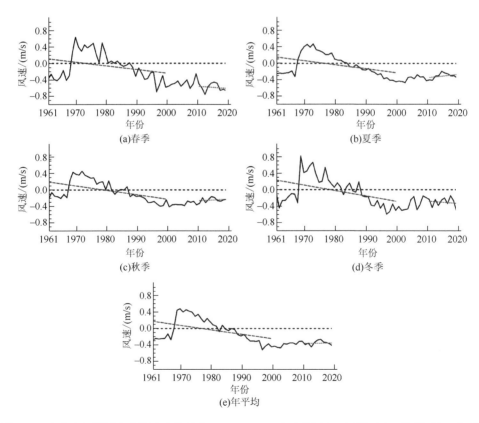

图 4.17　青藏高原受城市化影响小的站点 1961 ～ 2020 年春季（a）、夏季（b）、秋季（c）、冬季（d）和年平均（e）地表风速逐年变化（相对 1970 ～ 2000 年）序列

增加值约为 0.4m/s, 1990 之后基本为负距平, 减小值约为 0.4m/s。同样, 我们分别计算了受城市化影响较小的区域在 1961 ~ 2000 年和 2011 ~ 2020 年两个时段的变化趋势值 (表 4.1)。可以看到, 1961 ~ 2000 年, 受城市化影响小的区域四个季节平均的地表风速减小趋势值为 0.09 ~ 0.13m/(s·10a) (均通过 95% 的信度检验), 除冬季外, 其他季节的变化均比整个青藏高原平均值小 0.01m/s。2011 ~ 2020 年, 受城市化影响小的区域四个季节平均的地表风速变化趋势值在 -0.06 ~ 0.08m/(s·10a), 总体表现为弱的减小或增大, 且均未通过 95% 信度检验。受城市化影响小的区域年平均地表风速变化不明显, 趋势值为 0.01m/(s·10a)。

表 4.1　青藏高原区域平均 / 受城市化影响小的站点平均 1961 ~ 2000 年

和 2011 ~ 2020 年的地表风速变化趋势值　　　[单位: m/(s·10a)]

时段	春季	夏季	秋季	冬季	年平均
1961 ~ 2000 年	-0.10[*]/-0.09[*]	-0.11[*]/-0.10[*]	-0.12[*]/-0.11[*]	-0.13[*]/-0.13[*]	-0.11[*]/-0.11[*]
2011 ~ 2020 年	0.22/-0.05	0.27[*]/0.08	0.33[*]/0.04	0.15/-0.06	0.24[*]/0.01

* 表示变化趋势通过 95% 的信度检验。

由此可见, 在 2000 年之前, 城市化的影响在一定程度上加剧了青藏高原地区风速的减小, 2010 年之后城市化的影响又进一步加剧了青藏高原地区风速的增大, 并且 2010 年之后城市化的影响更为显著。

4.3.2　区域模式对青藏高原风能资源的模拟评估

基于 3 个 CMIP5 全球模式 HadGEM2-ES、MPI-ESM-MR 和 NorESM1-M 分别驱动区域气候模式 RegCM4.4 的模拟结果 (1986 ~ 2005 年), 以下分别简称 MdR、HdR 和 NdR, 及其集合平均, 简称 ENS, 分析区域气候模式对青藏高原地区地表风速模拟能力 (Wu et al., 2021)。区域模式的方案选择和参数化配置具体可以参考文献 (Gao et al., 2017)。

其中观测与集合平均模拟的青藏高原四季和年平均地表风速分布由图 4.18 给出, 从图中可以看到, 集合结果可以模拟出观测中四个季节及年平均风速的总体分布状态 (相关系数值基本在 0.3 ~ 0.6), 但仍然存在明显的系统性偏差, 尤其是春季和冬季, 青藏高原西部的高估幅度仍然很大。此外区域模式对青藏高原低风速区位置的模拟也与观测存在一定差异, 观测中低风速区主要位于青藏高原东南部, 而模式模拟的低风速区主要位于青藏高原东北部。青藏高原地表风速模拟的偏差, 部分原因是由全球模式驱动场的模拟偏差以及区域模式内部物理过程不完善造成的, 另外, 青藏高原地区观测站点稀少导致格点化风速数据存在较大的不确定性也可能是一个重要因素。

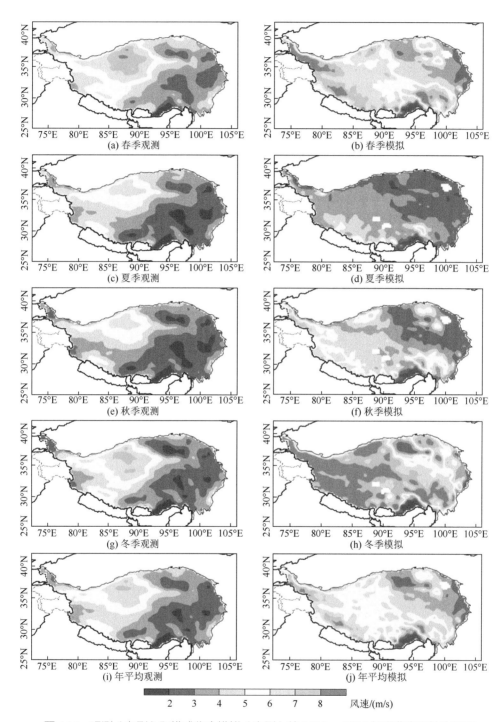

图 4.18　观测（左列）和模式集合模拟（右列）的 1986 ～ 2005 年青藏高原地表四季
及年平均地表风速分布

　　从泰勒图（图 4.19）和表 4.2 中可以看到，各模式及集合平均对青藏高原地表风速
均有一定的模拟能力，但不同的模拟结果之间存在一定不同，且季节性差异也较为明

显。春季，HdR 与观测的相关系数值最大，为 0.49，同时误差标准差也较大，表明尽管 HdR 对青藏高原地表风速分布的模拟效果较好，但系统性偏差仍然明显。夏季，各模式及其集合的模拟效果差异不明显，与观测的相关系数值为 0.25～0.26，误差标准差为 1.37～1.40m/s。秋季，各模式及其集合与观测的相关系数值为 0.38～0.50，误差标准差为 1.31～1.68m/s，其中 MdR 的模拟效果相对要好。冬季，各模式及其集合与观测的相关系数值为 0.34～0.58，但误差标准差相对其他季节要大，为 2.47～3.57m/s。年平均来看，各模式及其集合与观测的相关系数值为 0.34～0.49，误差标准差为 1.51～1.76m/s。总体来说，集合平均的模拟效果比单个模式更稳定。

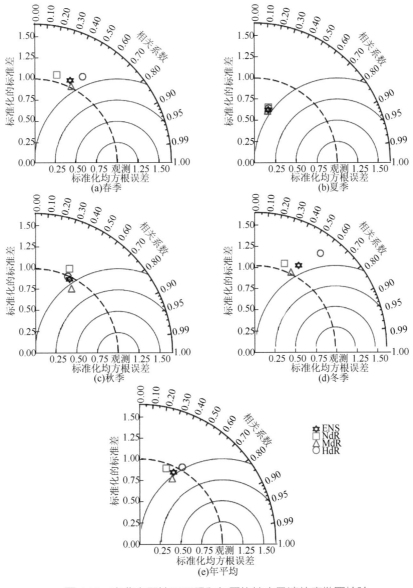

图 4.19　青藏高原地区四季和年平均地表风速的泰勒图检验

综上，未来在使用区域气候模式对青藏高原风能资源变化进行预估时，为了获得更可靠的信息，建议对风速进行偏差订正。

表 4.2　区域模式模拟的青藏高原 1986～2005 年四季及年平均地表风速
与观测的相关系数 / 误差标准差

区域模式	春季	夏季	秋季	冬季	年平均
HdR	0.49[*]/1.95	0.26[*]/1.40	0.40[*]/1.49	0.58[*]/3.57	0.49[*]/1.76
MdR	0.44[*]/1.75	0.25[*]/1.40	0.50[*]/1.31	0.44[*]/2.55	0.45[*]/1.51
NdR	0.25[*]/1.87	0.25[*]/1.38	0.38[*]/1.68	0.34[*]/2.47	0.34[*]/1.63
ENS	0.40[*]/1.80	0.26[*]/1.37	0.43[*]/1.47	0.47[*]/2.79	0.44[*]/1.61

＊表示变化趋势通过 95% 的信度检验。

注：误差标准差的单位是 m/s。

第 5 章

青藏高原风能资源开发潜力

5.1 青藏高原风能资源总体开发潜力

在青藏高原风能资源数值模拟基础上，通过 GIS 分析扣除不适宜开发风电场的区域，计算考虑地形坡度、水体、森林、城镇等制约因素影响后的区域内风能开发土地可利用率，得到技术开发量及其所属风能资源等级（表 2.6）。特别要说明的是，第一，青藏高原科考项目关注自然资源本身，因此本书计算技术开发量时不剔除自然保护区；第二，考虑到高原空气密度低，相同风速条件下的风功率密度较平原低，因此计算风能资源技术开发量时，只考虑年平均风功率密度到达 400W/m^2 以上的风能资源。图 5.1 为通过 GIS 分析得到的青藏高原 100m 高度各等级可利用风能资源分布，可看出大部分的可利用风能资源分布在西藏阿里地区、新疆地区及青海玉树州和唐古拉山镇。非常丰富和丰富等级的风能资源主要分布在藏北高原；藏南谷地的风能资源以较丰富等级为主；川藏高山峡谷的风能资源基本都属于较丰富等级；青海高原和祁连山地的可利用风能资源分布比较零散，一般、较丰富和丰富等级的风能资源均有（图 5.1）。

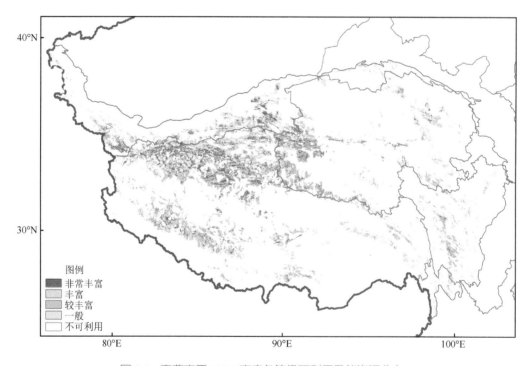

图 5.1　青藏高原 100m 高度各等级可利用风能资源分布

青藏高原 80m、100m、120m 和 140m 高度的风能资源技术开发总量分别为 7.10 亿 kW、10.18 亿 kW、13.71 亿 kW 和 17.57 亿 kW（表 5.1）。青藏高原包括西藏自治区、青海省以及新疆维吾尔自治区、甘肃省、四川省和云南省所属地区，其中西藏自治区风能资源技术开发量最大，占青藏高原总量的 59%；青海省次之，占 20%；新疆维吾尔自治区所属地区占 16%。在 100m 高度上，青藏高原风能资源丰富和非常丰富等级的风能资源技术开发量达到 6.4 亿 kW，有效利用面积约 13 万 km^2。由此可见，青藏高原风能资源品质较高，非常丰富和丰富等级的风能资源技术开发量占全部可利用风能资源技术开发量的 63%。新疆维吾尔自治区所属地区非常丰富和丰富等级的风能资源技术开发量在其全部风能资源技术开发量中占比最高，达 69%；西藏自治区非常丰富和丰富等级的风能资源技术开发量占 68%；青海省占 58%。

表 5.1 青藏高原各区域不同高度的风能资源技术开发量 （单位：亿 kW）

区域	80m	100m	120m	140m
西藏自治区	4.36	5.99	7.73	9.60
青海省	1.36	2.00	3.12	4.48
新疆维吾尔自治区所属区	1.18	1.63	2.05	2.40
甘肃省所属区	0.10	0.07	0.11	0.15
四川省所属区	0.04	0.44	0.64	0.87
云南省所属区	0.06	0.05	0.06	0.07
合计	7.10	10.18	13.71	17.57

西藏自治区在 80m、100m、120m 和 140m 高度的风能资源技术开发总量分别为 4.36 亿 kW、5.99 亿 kW、7.73 亿 kW 和 9.60 亿 kW（表 5.2），其中那曲市和阿里地区的风能资源技术开发量之和在全区中占比分别为 85%、87%、86% 和 86%。在 80m、100m 和 120m 高度上，阿里地区风能资源技术开发量在全区中的占比均是最高，分别为 54%、51% 和 46%；其次是那曲市，其风能资源技术开发量占比分别为 31%、36% 和 41%。在 140m 高度上，那曲市的风能资源技术开发量较阿里地区略高，这两个地区分别为 44% 和 42%。此外，日喀则市和山南市也有一定量的风能资源，其 100m 高度上的风能资源技术开发量分别为 4500 万 kW 和 1000 万 kW。阿里地区和那曲市 100m 高度上风能资源等级为非常丰富和丰富的技术开发量分别为 2.2 亿 kW 和 1.6 亿 kW，分别占全自治区同等级可利用风能资源的 72% 和 71%，有效利用面积分别为 5.3 万 km^2 和 4.1 万 km^2，说明西藏阿里地区和那曲市的风能资源品质是很高的。日喀则市和山南市较丰富等级的风能资源技术开发量在全自治区同等级可利用风能资源技术开发量中的占比更高一点，均为 51%，有效利用面积分别为 3711km^2 和 767km^2；日喀则市和山南市风能资源等级为非常丰富和丰富的技术开发量在全自治区同等级可利用风能资源占比分别为 45% 和 43%，有效利用面积分别为 3640km^2 和 669km^2。由此可见，日喀则市和山南市也具有较大的风能资源开发潜力。

表 5.2 西藏自治区不同高度的风能资源技术开发量 （单位：亿 kW）

地区	80m	100m	120m	140m
拉萨市	0.03	0.04	0.05	0.08
日喀则市	0.34	0.45	0.59	0.72
昌都市	0.16	0.17	0.23	0.31
林芝市	0.03	0.03	0.04	0.06
山南市	0.08	0.10	0.14	0.18
那曲市	1.37	2.17	3.15	4.20

续表

地区	80m	100m	120m	140m
阿里地区	2.35	3.03	3.53	4.05
合计	4.36	5.99	7.73	9.60

青海省 80m、100m、120m 和 140m 的风能资源技术开发总量分别为 1.36 亿 kW、2.00 亿 kW、3.12 亿 kW 和 4.48 亿 kW（表 5.3），其中占比相对较高的是玉树州和海西州，其次是果洛藏族自治州（简称果洛州）和海南州。在 80m、100m、120m 和 140m 高度上，玉树州风能资源技术开发量在全省中占比分别为 40%、43%、43% 和 43%；海西州风能资源技术开发量在全省占比分别为 41%、38%、36% 和 34%；果洛州风能资源技术开发量在全省占比分别为 7%、9%、12% 和 14%；海南州风能资源技术开发量在全省占比分别为 9%、8%、7% 和 6%。玉树州和海西州北部（即不包括唐古拉山镇的地区）的风能资源开发潜力较好，100m 高度上风能资源等级为非常丰富和丰富等级的风能资源技术开发量分别为 5600 万 kW 和 1600 万 kW，分别占全省同等级风能资源技术开发量的 65% 和 49%，有效利用面积分别为 1.1 万 km^2 和 3587km^2。海北州虽然风能资源技术开发量只有 400 万 kW，但是其中风能资源等级为非常丰富和丰富等级的风能资源技术开发量在全省同等级风能资源中占比为 72%，有效利用面积为 624km^2，也具有一定开发利用价值。

表 5.3 青海省不同高度的风能资源技术开发量 （单位：亿 kW）

地区	80m	100m	120m	140m
西宁市	0.00	0.00	0.00	0.00
海东市	0.00	0.00	0.00	0.00
海北州	0.03	0.04	0.06	0.08
黄南州	0.01	0.00	0.01	0.02
海南州	0.12	0.16	0.21	0.27
果洛州	0.10	0.18	0.38	0.63
玉树州	0.54	0.86	1.33	1.94
海西州	0.56	0.76	1.13	1.54
合计	1.36	2.00	3.12	4.48

注：黄南州全称为黄南藏族自治州，以下简称黄南州。

图 5.2 和表 5.4 给出了青藏高原各地区风能资源技术开发量和有效利用面积随高度的变化。可以看出，风能资源技术开发总量在 100m 高度出现逆增长的地区都是地形起伏较大的山区，如西藏自治区林芝市，青海省西宁市、海东市和黄南州以及云南省和甘肃省所属地区。风能资源丰富的西藏自治区那曲市、日喀则市、山南市和青海省玉树州、海西州的技术开发量随高度的增长率都超过了 20%，尤其是柴达木盆地 100m 高度相对于 80m 的高度技术开发量增加 50% 以上、有效利用面积增加 60% 以上。这些地区风能资源技术开发量随高度增加，并不是因为风速的垂直切变大，主要是达到可利用风能资源等级的区域面积增加了。在 140m 高度上，昆仑山、青海湖和哈拉湖地区出现非常丰富的风

能资源；柴达木盆地北端和南端在 120m 和 140m 高度上有丰富等级的风能资源。青海省风能资源技术开发量随高度的增长很快，140m 高度的风能资源技术开发量比 80m 高度增加了 229%。而在西藏，140m 高度的风能资源技术开发量比 80m 高度增加了 120%。

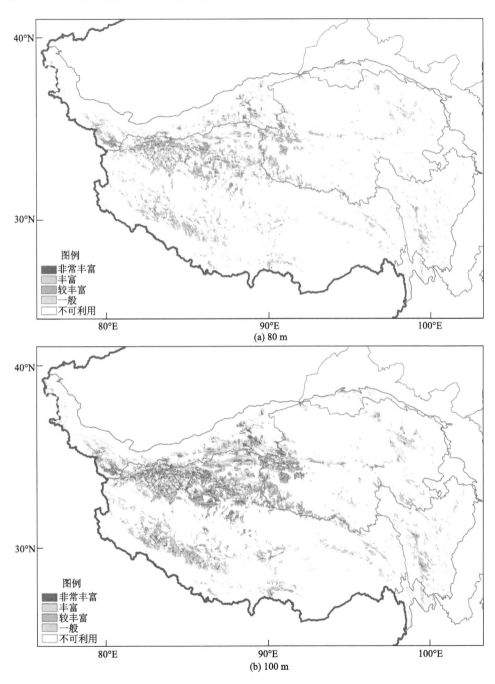

(a) 80 m

(b) 100 m

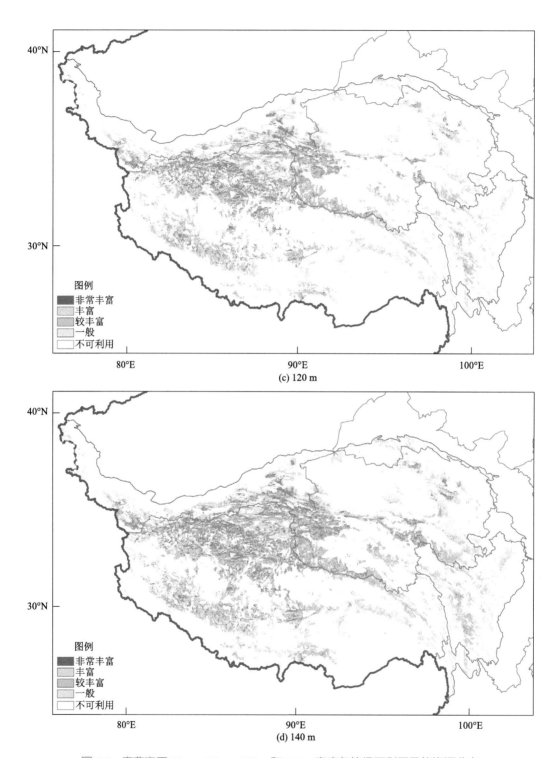

图 5.2　青藏高原 80m、100m、120m 和 140m 高度各等级可利用风能资源分布

表 5.4　青藏高原各地区风能资源技术开发量和有效利用面积随高度的变化（单位：%）

地区		技术开发量的增量百分比			有效利用面积的增量百分比		
		100m 相对于 80m	120m 相对于 100m	140m 相对于 120m	100m 相对于 80m	120m 相对于 100m	140m 相对于 120m
西藏自治区	拉萨市	12.9	47.3	42.4	12.8	48.0	43.2
	日喀则市	34.3	29.9	23.3	38.6	28.2	22.4
	昌都市	3.5	38.6	36.8	0.6	41.5	40.4
	林芝市	-4.8	34.8	32.1	-6.4	36.9	34.4
	山南市	27.5	36.6	33.0	27.1	38.1	35.2
	那曲市	58.2	44.9	33.4	59.9	39.5	28.5
	阿里地区	28.9	16.5	14.6	28.0	13.2	12.7
青海省	西宁市＋海东市	-56.0	28.7	70.9	-64.4	40.0	94.3
	海北州	35.2	50.1	48.0	31.0	46.0	44.3
	黄南州	-54.9	89.9	119.3	-59.9	108.4	140.8
	海南州	27.8	32.7	26.8	27.4	30.5	24.6
	果洛州	85.5	110.0	64.9	82.1	110.7	62.9
	玉树州	59.5	54.1	46.1	61.6	48.4	40.8
	海西州北区	14.1	59.5	44.5	13.4	64.8	46.9
	唐古拉山镇	59.9	40.5	28.3	62.7	38.9	25.7
新疆维吾尔自治区所属区		38.0	26.0	17.1	38.9	25.2	14.9
甘肃省所属区		-27.7	45.1	46.7	-29.4	49.6	50.7
四川省所属区		12.0	43.7	37.4	8.2	45.8	39.6
云南省所属区		-8.5	11.7	10.4	-9.9	13.5	11.8

5.2　西藏自治区地市级风能资源开发潜力

5.2.1　阿里地区

阿里地区风能资源非常丰富，年平均风功率密度达到 400W/m^2 及以上的风能资源主要分布在藏北高原的昆仑山南侧高原湖盆地区和冈底斯山西段中起伏高山湖盆地区，日土县东汝乡东部和改则县先遣乡的年平均风功率密度达到 600W/m^2 以上（图 5.3）。阿里地区风能资源随高度的增加较快，80m、100m、120m 和 140m 高度的风能资源技术开发量分别为 2.4 亿 kW、3.0 亿 kW、3.5 亿 kW 和 4.1 亿 kW。非常丰富等级和丰富等级的风能资源有效利用面积约 4.2 万 km^2，绝大多数分布在日土县东汝乡北部、改则县先遣乡和察布乡的北部，革吉县亚热乡也有少部分非常丰富和丰富等级的风能资源；革吉县亚热乡和措勤县扎日南木错以南地区以较丰富等级的风能资源为主（图 5.4）。

151

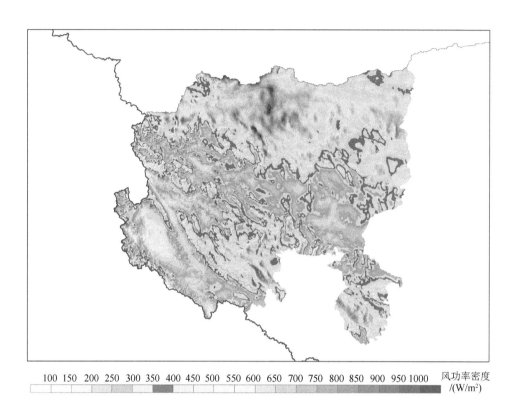

100 150 200 250 300 350 400 450 500 550 600 650 700 750 800 850 900 950 1000　风功率密度
　/(W/m²)

图 5.3　阿里地区 100m 高度年平均风功率密度分布

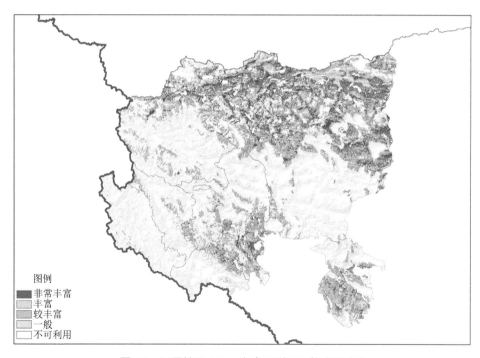

图例

■ 非常丰富
□ 丰富
■ 较丰富
□ 一般
□ 不可利用

图 5.4　阿里地区 100m 高度可利用风能资源分布

5.2.2　那曲市

那曲市风能资源也很丰富，仅次于阿里地区，年平均风功率密度达到 400W/m² 及以上的风能资源主要分布在双湖县、尼玛县北部和安多县北部地区，年平均风功率密度达 600W/m² 以上的区域零散分布在双湖县中部、尼玛县北部和班戈县纳木错湖区（图 5.5）。那曲市风能资源随高度的增加比阿里地区更显著，80m、100m、120m 和 140m 高度的风能资源技术开发量分别为 1.4 亿 kW、2.2 亿 kW、3.2 亿 kW 和 4.2 亿 kW。那曲市的可利用风能资源以非常丰富和丰富等级为主。在 100m 高度上，非常丰富等级和丰富等级的风能资源有效利用面积约 3.1 万 km²，绝大多数分布在双湖县北部的可可西里山区以及中部和南部的藏北高原中、小起伏高山湖盆地区，尼玛县荣玛乡，安多县色务乡；班戈县纳木错以西地区分布着比较丰富的风能资源，以及零散的非常丰富的风能资源（图 5.6）。

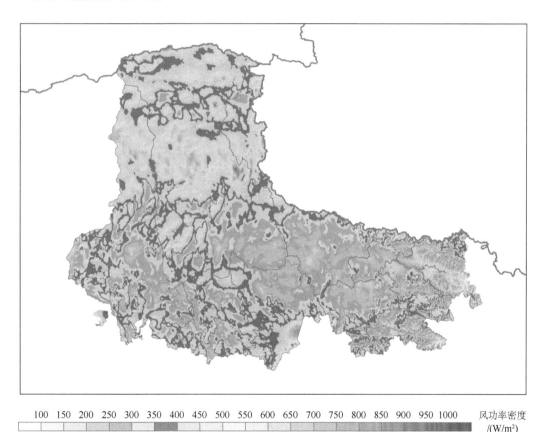

100　150　200　250　300　350　400　450　500　550　600　650　700　750　800　850　900　950　1000　　风功率密度 /(W/m²)

图 5.5　那曲市 100m 高度年平均风功率密度分布

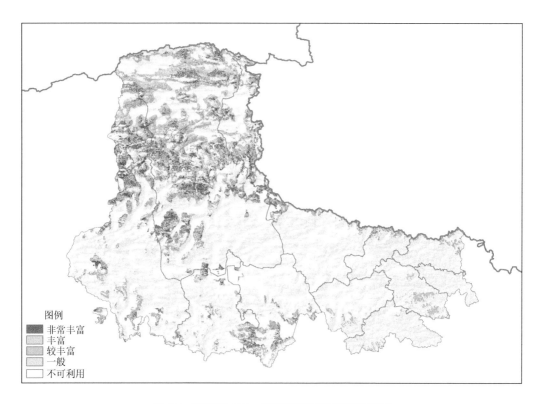

图 5.6　那曲市 100m 高度可利用风能资源分布

5.2.3　日喀则市

　　日喀则市北部有冈底斯山和念青唐古拉山、南部有喜马拉雅山，因此南北地势较高，中间为藏南高原和雅鲁藏布江流域，地形复杂，包括高山、宽谷和湖盆。日喀则市风能资源主要分布于冈底斯山地区，年平均风功率密度达到 400W/m² 及以上的风能资源主要分布在仲巴县北部、昂仁县北部和谢通门县西部地区。仲巴县北部的冈底斯山及其北侧余脉地区的年平均风功率密度可达 600W/m²（图 5.7）。日喀则市风能资源随高度的增加比较明显，80m、100m、120m 和 140m 高度的风能资源技术开发量分别为 3400 万 kW、4500 万 kW、5900 万 kW 和 7200 万 kW。日喀则市可利用风能资源基本为较丰富等级，在 100m 高度上，较丰富及以上等级的风能资源有效利用面积约 0.73 万 km²，主要分布在仲巴县北部和昂仁县北部的冈底斯山及其北侧余脉地区，还有一些零星的较丰富等级的风能资源分布在沿雅鲁藏布江地区（图 5.8）。

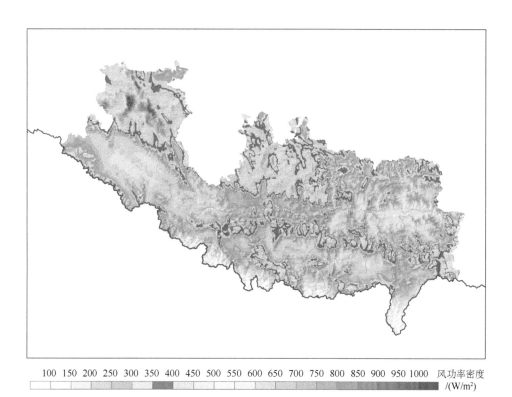

100　150　200　250　300　350　400　450　500　550　600　650　700　750　800　850　900　950 1000　风功率密度
/(W/m²)

图 5.7　日喀则市 100m 高度年平均风功率密度分布

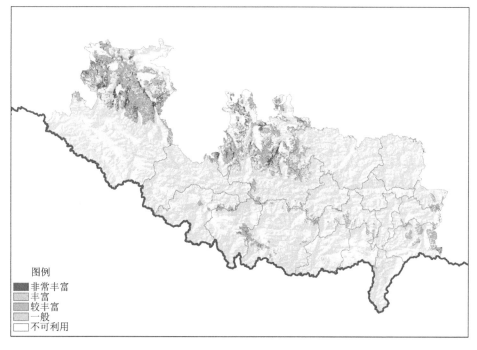

图例
■ 非常丰富
　丰富
　较丰富
　一般
□ 不可利用

图 5.8　日喀则市 100m 高度可利用风能资源分布

5.2.4　山南市

　　山南市位于冈底斯山东段和念青唐古拉山以南，市域范围包括喜马拉雅山东段和雅鲁藏布江中下游地带，属于典型的高原谷地。山南市风能资源主要分布于念青唐古拉山与喜马拉雅山东段之间的藏南谷地，年平均风功率密度达到 400W/m^2 及以上的风能资源主要分布在浪卡子县、措美县哲古错以南和东北地区。错那县的喜马拉雅山呈西南 – 东北走向的山区零散分布着年平均风功率密度 400W/m^2 以上，甚至是 600W/m^2 以上的风能资源（图 5.9）。山南市风能资源随高度的增加比较明显，80m、100m、120m 和 140m 高度的风能资源技术开发量分别为 800 万 kW、1000 万 kW、1400 万 kW 和 1800 万 kW。山南市可利用风能资源以较丰富等级为主，个别区域也具有非常丰富等级和丰富等级的风能资源。在 100m 高度上，较丰富等级的风能资源有效利用面积约 800km^2，主要分布于浪卡子县和措美县中部的哲古镇；非常丰富等级和丰富等级的风能资源有效利用面积约 669km^2，分布于浪卡子县普玛江塘乡南部和措美县哲古镇地区（图 5.10）。

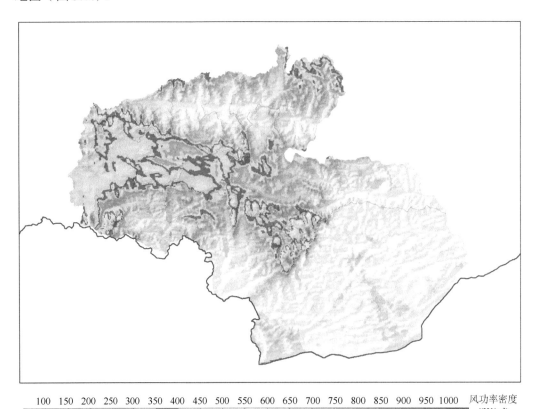

| | 100 | 150 | 200 | 250 | 300 | 350 | 400 | 450 | 500 | 550 | 600 | 650 | 700 | 750 | 800 | 850 | 900 | 950 | 1000 | 风功率密度 /(W/m^2) |

图 5.9　山南市 100m 高度年平均风功率密度分布

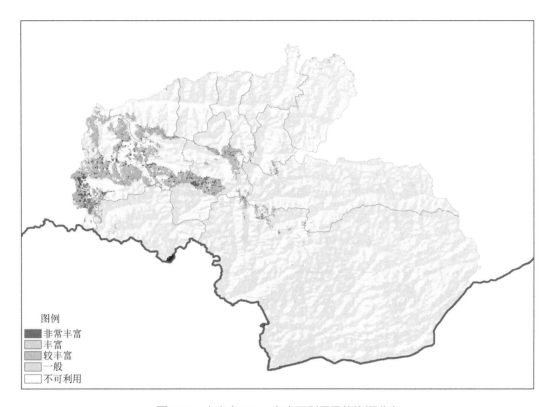

图 5.10 山南市 100m 高度可利用风能资源分布

5.2.5 昌都市

昌都市的地形地貌复杂，金沙江、澜沧江和怒江在此并流，喜马拉雅山和横断山脉在此交汇。总体地势东北部高、西南部低，境内包括念青唐古拉山、他念他翁山、芒康山、伯舒拉岭和横断山脉等，属于极大起伏高山、极高山地貌。昌都市年平均风功率密度达到 400W/m² 及以上的风能资源主要分布于他念他翁山、念青唐古拉山、伯舒拉岭和横断山脉地区，其中个别地区年平均风功率密度可达 600W/m² 以上（图 5.11）。昌都市 80m、100m、120m 和 140m 高度的风能资源技术开发量分别为 1600 万 kW、1700 万 kW、2300 万 kW 和 3100 万 kW。昌都市可利用风能资源都属于较丰富等级，在 100m 高度上，较丰富及以上等级的风能资源有效利用面积约 2127km²，主要分布在丁青县的最北部，沿着他念他翁山跨类乌齐县、卡若区、察雅县、八宿县和左贡县，以及边坝县南部和左贡县西南部地区（图 5.12）。

157

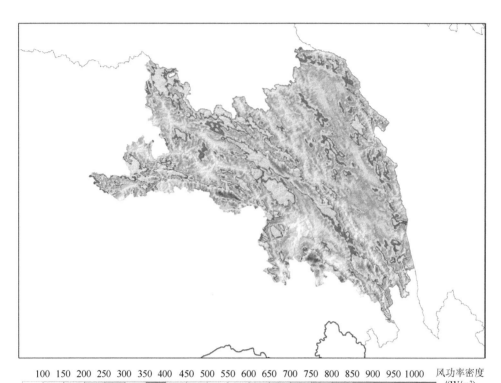

图 5.11　昌都市 100m 高度年平均风功率密度分布

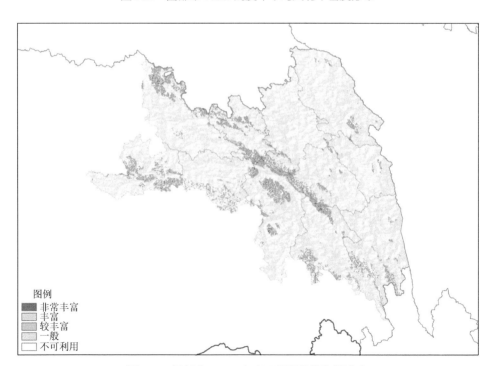

图 5.12　昌都市 100m 高度可利用风能资源分布

5.2.6　拉萨市

　　拉萨市位于雅鲁藏布江北侧，西北部有念青唐古拉山，念青唐古拉峰海拔高达7162m；南部有郭喀拉日居山脉，属于中、大起伏高山河谷地貌。拉萨市年平均风功率密度达到400W/m² 及以上的风能资源主要分布于念青唐古拉山和纳木错湖区及周边地区（图 5.13）。拉萨市 80m、100m、120m 和 140m 高度的风能资源技术开发量分别为300 万 kW、400 万 kW、500 万 kW 和 800 万 kW。拉萨市可利用风能资源都属于较丰富等级，在 100m 高度上，较丰富等级的风能资源有效利用面积约 306km²，主要分布在纳木错的北岸和南岸地区，当雄县与那曲市班戈县德庆镇交界地区，以及尼木县和曲水县的交界地区（图 5.14）。

100 150 200 250 300 350 400 450 500 550 600 650 700 750 800 850 900 950 1000　风功率密度/(W/m²)

图 5.13　拉萨市 100m 高度年平均风功率密度分布

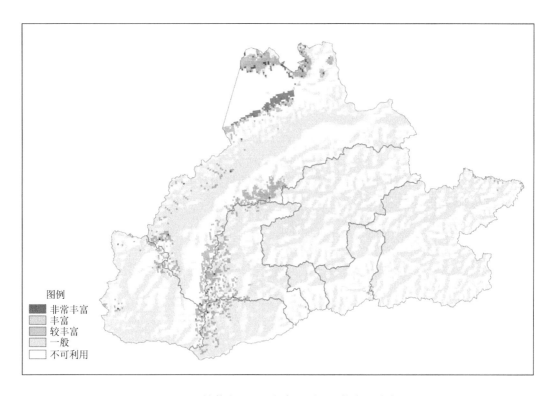

图 5.14　拉萨市 100m 高度可利用风能资源分布

5.2.7　林芝市

　　林芝市被喜马拉雅山东段分为南北两部分，北部海拔高，念青唐古拉山横贯东西并在最东端与横断山脉交汇；南部在喜马拉雅山东段与横断山脉合围之下，平均海拔低，但属于极大起伏极高山和高山地貌类型。林芝市是全球陆地上垂直落差最大的地带，喜马拉雅山的南迦巴瓦峰海拔 7782m；而雅鲁藏布江下游墨脱县的巴昔卡，海拔只有 155m。林芝市年平均风功率密度达到 400W/m² 及以上的风能资源主要分布于喜马拉雅山、念青唐古拉山和横断山脉顶部区域（图 5.15）。林芝市的南部地区处于西侧喜马拉雅山、北侧念青唐古拉山和东侧横断山脉的包围中，南侧虽然是印度的平原，再往南 60km 左右就是位于印度与缅甸交界的那加丘陵，使林芝市南部地区成为一个气流的"死水区"，风能资源贫乏。林芝市 80m、100m、120m 和 140m 高度的风能资源技术开发量分别为 300 万 kW、300 万 kW、400 万 kW 和 600 万 kW。林芝市可利用风能资源都属于较丰富等级，在 100m 高度上，较丰富等级的风能资源有效利用面积约 376km²，主要分布于与昌都市交界的念青唐古拉山和横断山脉地区（图 5.16）。

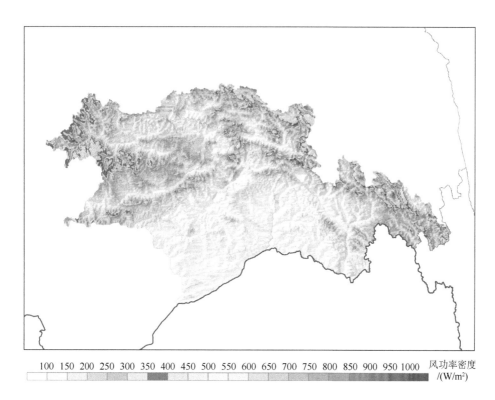

100 150 200 250 300 350 400 450 500 550 600 650 700 750 800 850 900 950 1000　风功率密度
　　　　　　　　　　　　　　　　　　　　　　　　　　　　　　　　　　　　　/(W/m²)

图 5.15　林芝市 100m 高度年平均风功率密度分布

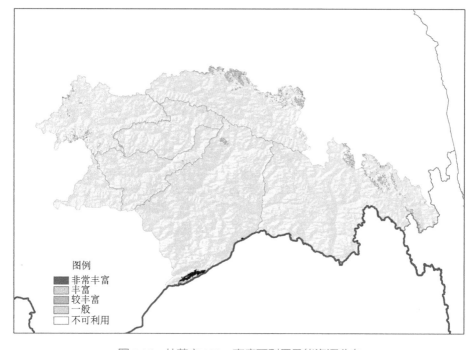

图例
　非常丰富
　丰富
　较丰富
　一般
　不可利用

图 5.16　林芝市 100m 高度可利用风能资源分布

5.3 青海省地市级风能资源开发潜力

5.3.1 玉树藏族自治州

玉树州位于青海高原的东昆仑山与唐古拉山之间，境内有可可西里山、西北－东南走向的巴颜喀拉山，属于中、大起伏高山、极高山湖盆和宽谷地貌。玉树州风能资源丰富，年平均风功率密度达到 400W/m² 及以上的风能资源主要分布于可可西里山、博卡雷克塔格、布尔汗布达山南侧、巴颜喀拉山、唐古拉山等地区（图 5.17）。玉树州风能资源随高度的增加比较明显，80m、100m、120m 和 140m 高度的风能资源技术开发量分别为 0.5 亿 kW、0.9 亿 kW、1.3 亿 kW 和 1.9 亿万 kW。玉树州非常丰富和丰富等级的风能资源较多，在 100m 高度上，80% 以上的可利用风能资源主要分布在治多县西部的可可西里山地区，其中包括非常丰富、丰富和较丰富等级的风能资源有效利用面积 1.6 万 km²；还有一些较丰富等级的可利用风能资源分布在杂多县南部的唐古拉山区（图 5.18）。

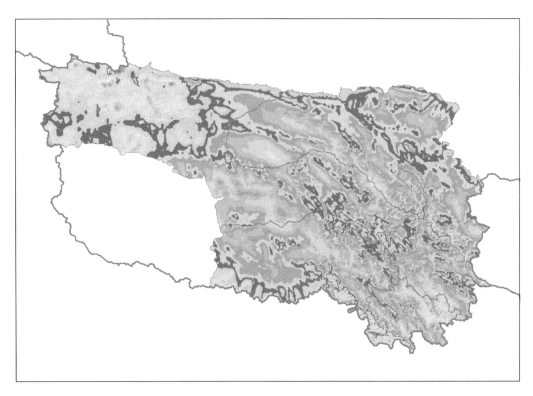

100 150 200 250 300 350 400 450 500 550 600 650 700 750 800 850 900 950 1000　　风功率密度
/(W/m²)

图 5.17　玉树州 100m 高度年平均风功率密度分布

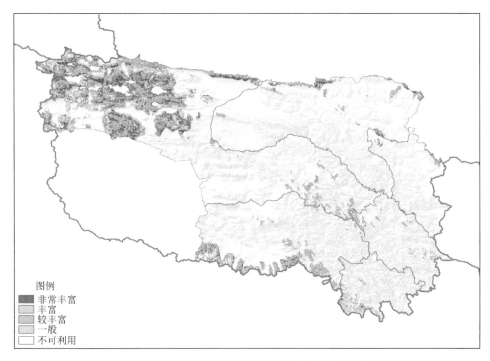

图 5.18　玉树州 100m 高度可利用风能资源分布

5.3.2　海西蒙古族自治州

　　海西州由互不相连的两部分组成，海西州（北）位于青海省西北部，海西州唐古拉山镇位于青海省西南部。海西州（北）四周环山，中间是呈西北 - 东南走向的柴达木盆地；北部有阿尔金山、祁连山，东部有青海南山和鄂拉山，南部有东昆仑山，西部有祁漫塔格山，都属于大起伏高山地貌。海西州唐古拉山镇的中南部被唐古拉山覆盖，北部还有乌兰乌拉山，属于大起伏高山地貌。海西州年平均风功率密度达到 400W/m² 及以上的风能资源主要分布于唐古拉山、祁漫塔格山、东昆仑山、鄂拉山、青海南山、疏勒南山以及阿尔金山南侧的俄博梁和茫崖镇北部地区（图 5.19）。海西州（北）80m、100m、120m 和 140m 高度的风能资源技术开发量分别为 2900 万 kW、3400 万 kW、5400 万 kW和 7700 万 kW；海西州唐古拉山镇 80m、100m、120m 和 140m 高度的风能资源技术开发量分别为 2700 万 kW、4200 万 kW、6000 万 kW 和 7700 万 kW。虽然整个海西州的风能资源技术开发量比较大，但是其主要分布在唐古拉山、东昆仑山等大起伏高山地区，开发难度较大（图 5.20），海西州北部的风能资源有效利用面积只有 0.71 万 km²。考虑到柴达木盆地的高度低于青藏高原的平均海拔，地势由西北的海拔 3000m 向东南倾斜至海拔 2600m。因此，取消年平均风功率密度 400W/m² 的限制条件，再次分析柴达木盆地的可利用风能资源分布及技术开发量。结果得到，海西州（北）100m 高度的较丰富、丰富和非常丰富等级的风能资源技术开发量共增加 4700 万 kW，有效利用面积增加 1.27 万 km²，具有较好的开发潜力（图 5.21）。其中，柴达木盆地增加了大面积的丰富等级风能资源，主要分布在阿尔金山南侧的俄博梁地区，沿库尔雷克山和宗务隆山南侧地区，都兰县西北部阿木尼克山以南，布尔汗布达山以北地区，以及疏勒南山西侧的哈拉湖周边地区。

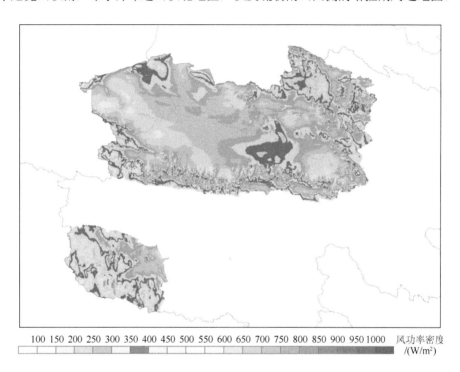

图 5.19　海西州 100m 高度年平均风功率密度分布

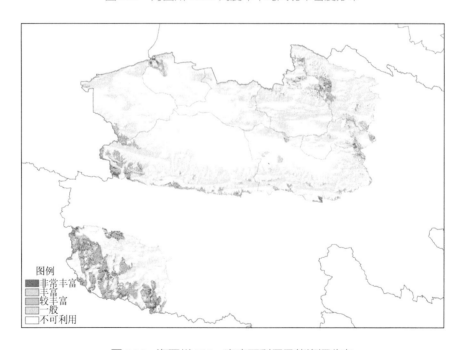

图 5.20　海西州 100m 高度可利用风能资源分布

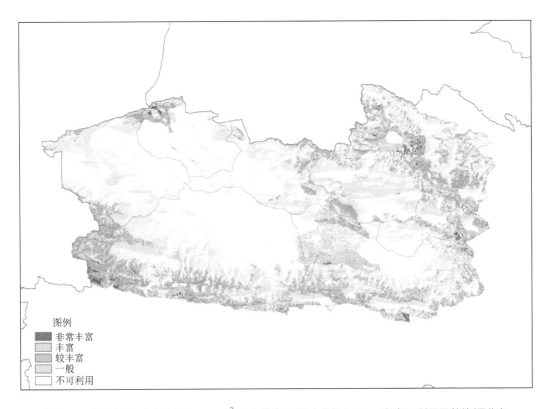

图例
■ 非常丰富
▨ 丰富
▨ 较丰富
▨ 一般
□ 不可利用

图 5.21　年平均风功率密度 300W/m² 以上的海西州（北部）100m 高度可利用风能资源分布

5.3.3　海北藏族自治州

海北州地处阿尔金山东部和祁连山地区，大部分地区属于中、大起伏高山、极高山宽谷和湖盆地貌。海北州风能资源不是很丰富，年平均风功率密度达到 400W/m² 及以上的风能资源主要分布在青海湖区及周边地区（图 5.22）。海北州 80m、100m、120m 和 140m 高度的风能资源技术开发量分别为 300 万 kW、400 万 kW、600 万 kW 和 800 万 kW。在 100m 高度上，可利用风能资源主要分布在青海湖的东、西两侧的刚察县和海晏县，其中非常丰富、丰富和较丰富等级的风能资源都存在，风能资源有效利用面积约 762 km²（图 5.23）。

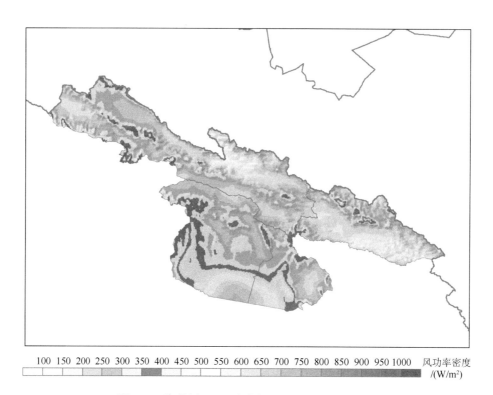

图 5.22　海北州 100m 高度年平均风功率密度分布

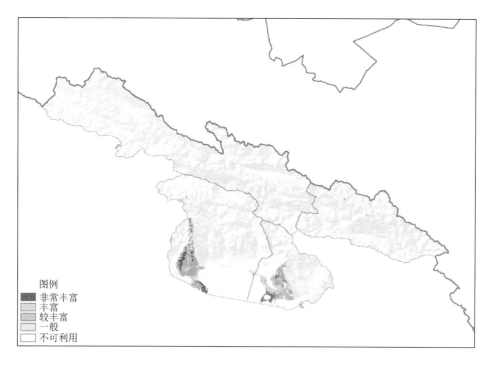

图 5.23　海北州 100m 高度可利用风能资源分布

5.3.4　海南藏族自治州

海南州地形比较复杂，境内包括青海湖南部、青海南山、拉脊山西段、鄂拉山以及茶卡盐湖至龙羊峡水库的高原盆地，属于中、大起伏高山河盆地貌。海南州年平均风功率密度达到 400W/m^2 及以上的风能资源主要分布在青海湖区及周边地区、青海南山、鄂拉山、茶卡盐湖至龙羊峡水库的高原盆地（图 5.24）。海南州 80m、100m、120m 和 140m 高度的风能资源技术开发量分别为 1200 万 kW、1600 万 kW、2100 万 kW 和 2700 万 kW。在 100m 高度上，青海南山南侧的茶卡盐湖至龙羊峡水库呈西北 - 东南走向的连片的丰富等级可利用风能资源，其中还有一部分非常丰富等级的风能资源，具有一定的风能资源开发潜力（图 5.25）。

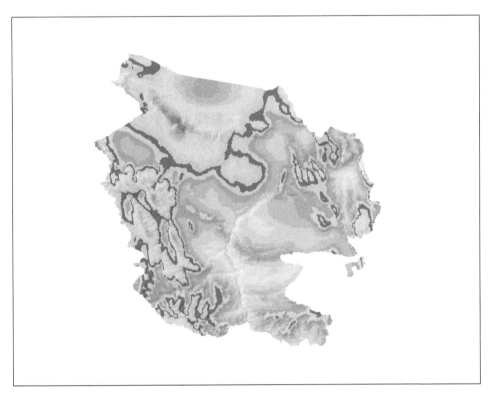

100　150　200　250　300　350　400　450　500　550　600　650　700　750　800　850　900　950　1000　　风功率密度 /(W/m²)

图 5.24　海南州 100m 高度年平均风功率密度分布

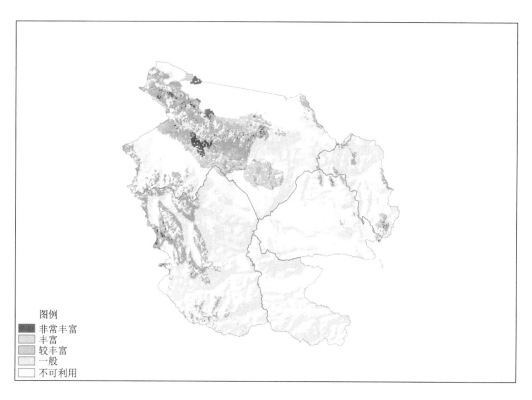

图 5.25　海南州 100m 高度可利用风能资源分布

5.3.5　黄南藏族自治州

黄南州位于拉脊山和阿尼玛卿山之间，地貌属于中、大起伏高山盆地。既有绵延的高山，又有宽广而平坦的河滩。黄南州风能资源较少，年平均风功率密度达到 400W/m² 及以上的风能资源主要分布在尖扎县西北部的拉脊山地区（图 5.26）。黄南州 80m、100m、120m 和 140m 高度的风能资源技术开发量分别为 100 万 kW、40 万 kW、100 万 kW 和 200 万 kW。在 100m 高度上，只有尖扎县西部山区和泽库县中部河滩地区分布有较丰富等级的可利用风能资源（图 5.27）。由于黄南州地形复杂，风速随高度变化不符合常态，100m 高度上的风速反而降低。因此，不利于风能资源的开发利用。

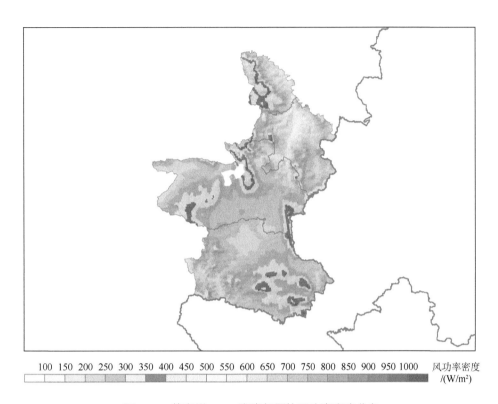

100 150 200 250 300 350 400 450 500 550 600 650 700 750 800 850 900 950 1000　风功率密度 /(W/m²)

图 5.26　黄南州 100m 高度年平均风功率密度分布

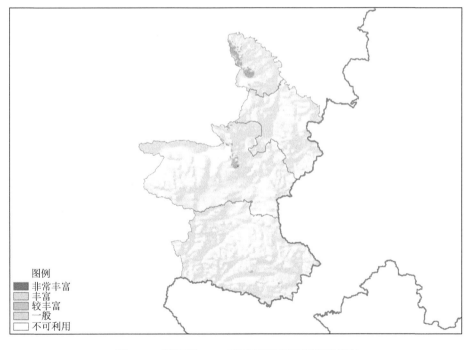

图例
非常丰富
丰富
较丰富
一般
不可利用

图 5.27　黄南州 100m 高度可利用风能资源分布

5.3.6 果洛藏族自治州

果洛州位于黄河源头，巴颜喀拉山自西北向东南横穿果洛州南部，阿尼玛卿山自西北向东南横穿果洛州北部。因此，果洛州地貌属于中、大起伏高山。果洛州年平均风功率密度达到400W/m² 及以上的风能资源主要分布在巴颜喀拉山和阿尼玛卿山地区（图5.28）。果洛州80m、100m、120m 和140m 高度的风能资源技术开发量分别为1000 万 kW、1800 万 kW、3800 万 kW 和6300 万 kW。在100m 高度上，玛多县扎陵湖和鄂陵湖的北侧和西南侧有非常丰富等级和较丰富等级的风能资源；达日县中部有较丰富和一般等级的风能资源；玛沁县和甘德县的阿尼玛卿山区、久治县和班玛县的巴颜喀拉山区都有一般等级的可利用风能资源（图5.29）。

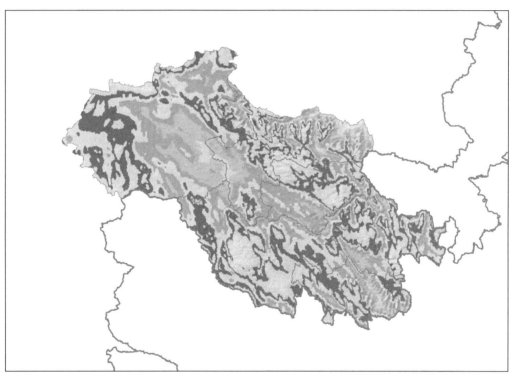

100 150 200 250 300 350 400 450 500 550 600 650 700 750 800 850 900 950 1000   风功率密度
/(W/m²)

图 5.28　果洛州 100m 高度年平均风功率密度分布

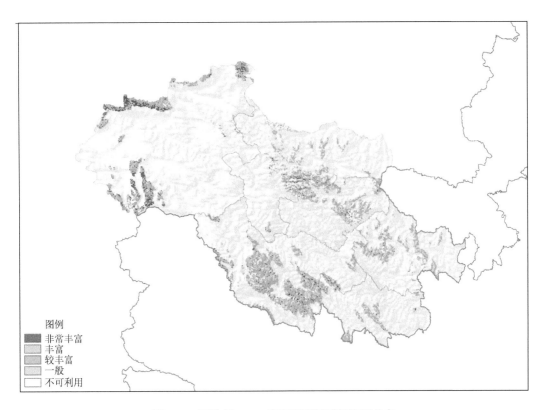

图例
■ 非常丰富
▨ 丰富
▨ 较丰富
▧ 一般
□ 不可利用

图 5.29　果洛州 100m 高度可利用风能资源分布

5.3.7　西宁市

西宁市的北侧有达坂山、西侧有日月山、南侧有拉脊山，东侧是达坂山与拉脊山之间山口，自西向东流动的湟水从此山口流出。因此，西宁市几乎是四面环山，属于高、中山河谷盆地地貌。西宁市年平均风功率密度达到 400W/m^2 及以上的风能资源主要分布在其境内的达坂山东端和日月山地区（图 5.30）。西宁市 80m、100m、120m 和 140m 高度的风能资源技术开发量分别为 17 万 kW、11 万 kW、14 万 kW 和 21 万 kW。在 100m 高度上，只有日月山地区有较丰富和一般等级的风能资源。总之，西宁市不具有风能资源开发潜力（图 5.31）。

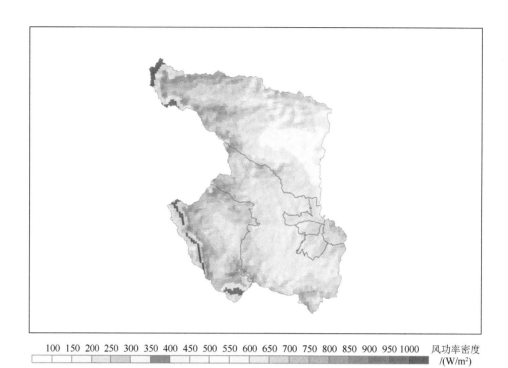

100 150 200 250 300 350 400 450 500 550 600 650 700 750 800 850 900 950 1000 风功率密度
/(W/m²)

图 5.30　西宁市 100m 高度年平均风功率密度分布

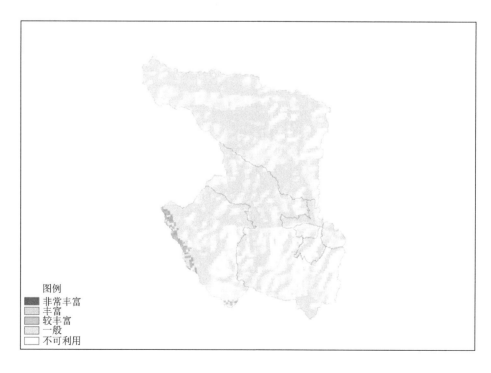

图例
■ 非常丰富
　 丰富
　 较丰富
　 一般
□ 不可利用

图 5.31　西宁市 100m 高度可利用风能资源分布

5.3.8　海东市

　　海东市西部与西宁市接壤、东部与甘肃省接壤，其北部有达坂山、中部有拉脊山，是青藏高原与黄土高原的过渡地带，地貌属于中起伏中低山、丘陵和谷地。海东市年平均风功率密度达到 400W/m² 及以上的风能资源主要分布在黄河以北的拉脊山余脉和黄河南岸的山地（图 5.32）。海东市 80m、100m、120m 和 140m 高度的风能资源技术开发量分别为 9 万 kW、0.3 万 kW、0.4 万 kW 和 4 万 kW。因此，海东市几乎没有可利用的风能资源（图 5.33）。

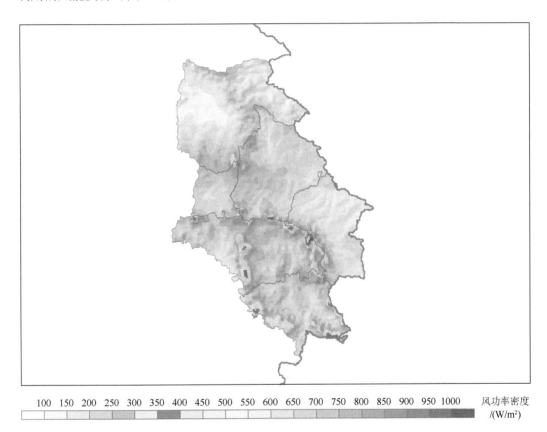

风功率密度
/(W/m²)

100　150　200　250　300　350　400　450　500　550　600　650　700　750　800　850　900　950　1000

图 5.32　海东市 100m 高度年平均风功率密度分布

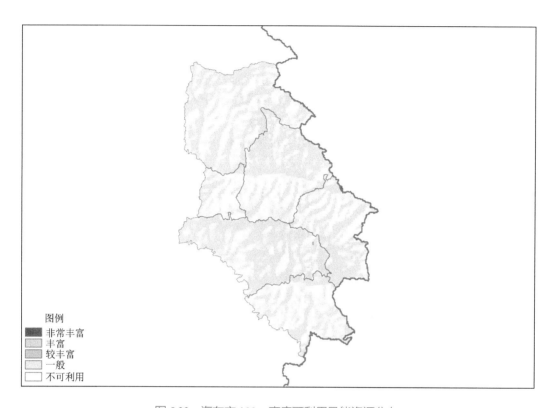

图例
■ 非常丰富
  丰富
  较丰富
  一般
□ 不可利用

图 5.33   海东市 100m 高度可利用风能资源分布

第 6 章

影响青藏高原风能利用的气象灾害

青藏高原主体的平均海拔超过 4000 m，全年各月地面温度都比同纬度我国东部地区低很多；受高空强劲的西风动量下传影响，成为我国的"大风区"之一，大风日数比同纬度的我国东部地区多几倍甚至数十倍。青藏高原地势开阔，大气对流活动强烈，强烈的地面加热和动量输送，是青藏高原成为北半球同纬度地带雷暴、冰雹和大风的高发区（丁一汇，2013）。因此，青藏高原的风能利用必须考虑大风、低温和雷暴等气象灾害的影响。

6.1 大风、沙尘暴

大风对风机转动有很大影响，当风速超过切出风速时，风机将自动停机。一方面，大风可直接导致风机损坏；另一方面，在切出风速附近，由于电机、齿轮箱温度过高，频繁停机，可利用率不高。而强沙尘暴发生时，风力往往达 8 级以上，有的甚至可达 12 级。大风造成风机停机是显而易见的。同时大风挟带的沙砾不仅会使叶片表面严重磨损，甚至会造成叶面凹凸不平，影响风机出力；另外还会破坏叶片的强度和韧性，影响风机的性能。

中国气象局的气象观测业务中规定，瞬间风速达到或超过 17m/s 的风，称为大风。某一日中有大风出现，称为大风日（施能等，1995）。图 6.1 给出了近 30 年（1991～2020 年）青藏高原地区年大风日数的变化特征，图中可见，23 个站点的年大风日数均呈现减少趋势，其中 15 个站点的减少幅度 ≥ 10d/10a，五道梁－沱沱河及青海湖南部的茶卡地区的减少幅度最大，每 10 年减少 20 天左右；其次为那曲市，每 10 年减少 15～18 天；海西州西部及海北州北部，大风日数每 10 年减少 10 天左右。

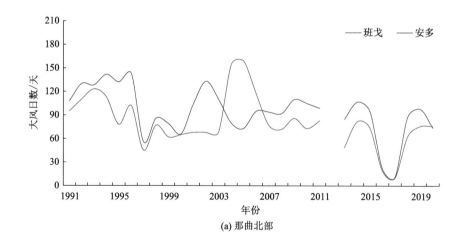

(a) 那曲北部

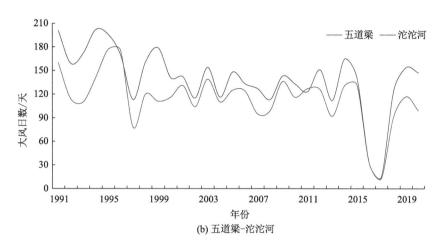

(b) 五道梁-沱沱河

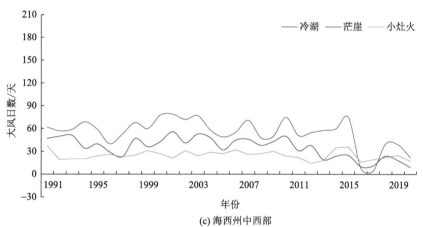

(c) 海西州中西部

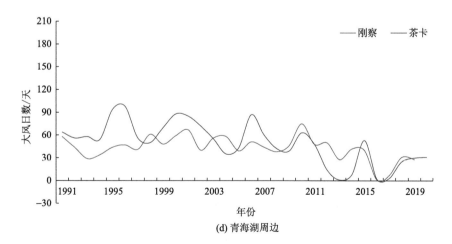

(d) 青海湖周边

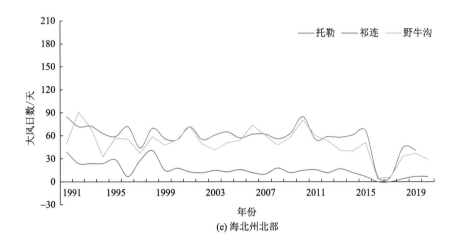

(e) 海北州北部

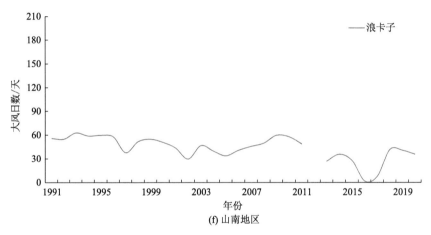

(f) 山南地区

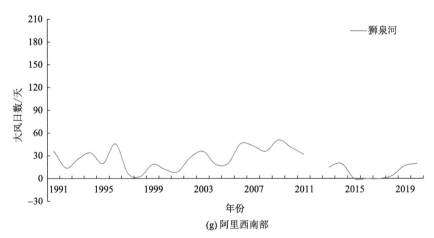

(g) 阿里西南部

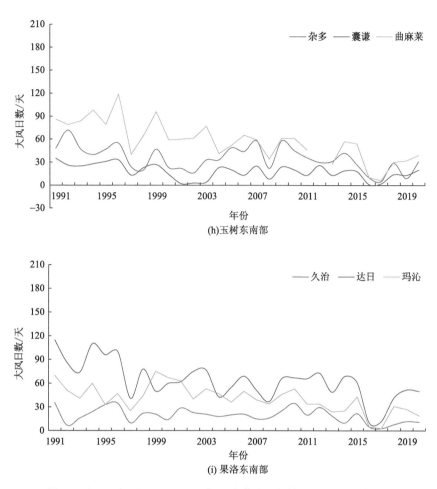

(h)玉树东南部

(i) 果洛东南部

图 6.1　近 30 年（1991 ~ 2020 年）青藏高原各地区年大风日数变化

　　从季节分布来看，青藏高原大风最多的季节是冬春季（12 月至次年 5 月），大风出现频率达 37 天，占全年大风日数（54 天）的 69%；大风最少的时段为 7 ~ 9 月，大风出现频率仅为 6.9 天，不足全年大风日数（54 天）的 13%。如图 6.2 ~ 图 6.4 所示，分区域来看，那曲北部、五道梁 - 沱沱河、山南地区、玉树东南部、果洛东南部及阿里西南部等地的大风天气主要集中在 1 ~ 3 月，大风日数占比超过 42%（图 6.2 和图 6.4）；而海西州中西部、青海湖周边及海北州北部等地的大风天气主要集中在 3 ~ 5 月，大风日数占比超过 44%（图 6.3）。总体来讲，青藏高原地区大风天气最多的季节是冬春季，夏秋季尤其是 7 ~ 9 月大风最少。

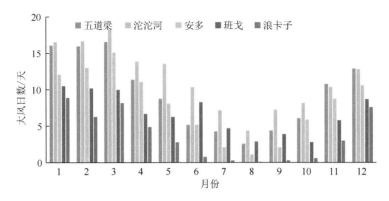

图6.2 近30年（1991～2020年）青海五道梁－沱沱河地区，西藏那曲北部
和山南地区大风日数的月际变化

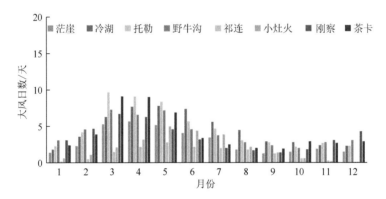

图6.3 近30年（1991～2020年）青海海西州中西部、青海湖周边
和海北州北部地区大风日数的月际变化

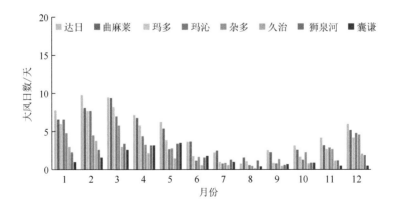

图6.4 近30年（1991～2020年）西藏阿里西南部、青海玉树东南部
和果洛东南部地区大风日数的月际变化

　　近 30 年平均大风日数的地理分布呈现明显的地域性。图 6.5 可见，五道梁 – 沱沱河地区是青藏高原的大风频发区（年平均大风日数大于 100 天），年平均大风日数在 100 天以上；大风多发区（年平均大风日数 50 ～ 100 天）主要位于那曲北部和海北州北部；其余地区的年平均大风日数 15 ～ 50 天，属于大风较多区。研究发现，平均大风日数的地理分布与地形有很大关系。一是高海拔地区的年大风日数明显高于低海拔地区，如位于青藏高原腹地的五道梁 – 沱沱河及那曲北部，海拔超过 4500m，是青藏高原地区最易出现大风天气的地方；二是山谷风作用较强的大起伏高山地带，极易造成大风天气，如海北州北部、海西州西部及青海湖南部的茶卡等地。同时，由于年大风日数整体呈现减少趋势，大多数站点年大风日数的最大值出现在 2000 年以前，而大风日数的最小值则出现在 2015 年之后（表 6.1）。可见，尽管青藏高原地区年大风日数总体呈现减少趋势，但该地区海拔较高，且地形和气候特征较复杂，存在多个大风频发 / 多发区域，且大风天气集中发生在冬春季。

图 6.5　近 30 年（1991 ～ 2020 年）青藏高原地区 23 个气象站观测的年平均大风日数分布

表 6.1　近 30 年（1991～2020 年）青藏高原 9 种典型类型气象站年大风日数

类型名称		气象观测站	观测站海拔/m	最少出现日数/天（出现年份）	最多出现日数/天（出现年份）	平均日数/天
类型 I	那曲北部	班戈	4700	10(2017 年)	159(2005 年)	81
		安多	4800	11(2017 年)	143(1996 年)	95
类型 II	五道梁 - 沱沱河	五道梁	4610	13(2017 年)	177(1995 年)	115
		沱沱河	4530	15(2017 年)	202(1994 年)	139
类型III	海西州中西部	冷湖	2770	4(2016 年)	79(2001 年)	55
		茫崖	2950	9(2020 年)	56(2001 年)	34
		小灶火	2770	14(2012 年)	37(1991 年)	25
类型IV	青海湖周边	茶卡	3090	1(2017 年)	98(1996 年)	49
		刚察	3300	1(2016 年)	75(2010 年)	43
类型 V	海北州北部	托勒	3370	6(2016/2017 年)	85(1991 年)	58
		野牛沟	3310	4(2016 年)	91(1992 年)	50
		祁连	2790	0(2016/2017 年)	41(1998 年)	16
类型VI	山南地区	浪卡子	4432	2(2016 年)	63(1993 年)	44
类型VII	阿里西南部	狮泉河	4280	0(2016/2017 年)	51(2009 年)	23
类型VIII	玉树东南部	杂多	4066	5(2017 年)	72(1992 年)	35
		曲麻莱	4180	6(2017 年)	119(1996 年)	58
		囊谦	3640	1(2016 年)	35(1991 年)	18
类型IX	果洛东南部	久治	3630	3(2017 年)	36(1991 年)	19
		达日	3970	10(2016 年)	115(1991 年)	63
		玛沁	3720	3(2017 年)	75(1999 年)	41

　　在西藏自治区，从表 6.2 可看出，定日、那曲、班戈、改则、申扎、安多气象站出现的大风日数较多，尤其是安多，年平均出现大风 128 次，一年中三分之一的时间都有大风出现，而尼玛站（有观察记录仅 6 年）、错那站的大风出现日数是所有站中最少的，年平均大风日数不到 10 次。从各站的大风日数年变化来看，基本上 20 世纪 60 年代大风较少，70～80 年代大风日数较多，从 90 年代开始西藏风速明显降低，相应的大风日数也较少。从表 6.2 还可看出，改则、申扎、狮泉河沙尘暴日数较多，年平均出现日数在 10 天或以上，而尼玛、错那、浪卡子、班戈的沙尘暴是所有站中最少的，年平均不到 3 次。扬沙天气狮泉河、申扎、改则、定日 4 站出现较多，达 10 次或以上，而其余站较少。从表 6.3 可看出，狮泉河、申扎、改则、定日年平均出现沙尘天气的日数在 15 天以上，其他地区不足 10 天。从各站的沙尘天气年变化来看，基本上与大风的变化是一致的。

表 6.2　1960～2020 年西藏自治区各气象站大风、沙尘暴、扬沙出现情况 （单位：天）

气象站	大风			沙尘暴			扬沙		
	最少出现日数	最多出现日数	平均日数	最少出现日数	最多出现日数	平均日数	最少出现日数	最多出现日数	平均日数
定日	42	184	82	0	35	6	0	38	10
那曲	17	211	85	0	18	3	0	37	6
尼玛	0	0	0	0	0	0	0	0	0
班戈	4	167	88	0	30	2	0	27	4
改则	10	219	88	0	44	10	0	48	13
申扎	27	191	113	0	40	12	0	45	15
安多	56	284	128	0	39	3	0	16	4
错那	0	54	9	0	0	0	0	4	0.2
狮泉河	0	231	71	0	53	12	0	147	32
浪卡子	24	166	68	0	9	0.4	0	16	0.7

表 6.3　1960～2020 年西藏自治区各气象站沙尘天气（沙尘暴＋扬沙）出现情况（单位：天）

气象站	最少出现日数	最多出现日数	平均日数
定日	0	67	16
那曲	0	45	9
尼玛	0	0	0
班戈	0	57	6
改则	1	91	23
申扎	0	65	27
安多	0	47	7
错那	0	4	0.2
狮泉河	0	174	43
浪卡子	0	17	1

在青海省，从表 6.4 可以看出，五道梁、茫崖、天峻、冷湖出现的大风日数较多，尤其是五道梁，年平均出现大风 122 天，一年中三分之一的时间都有大风出现，而贵南、德令哈的大风是所有站中最少的，年平均大风日数不到 20 天。从各站的大风日数年变化来看，基本上 20 世纪 60 年代大风较少，70～80 年代大风日数较多，从 90 年代起风速明显降低，相应的大风日数也较少。从表 6.4 可看出，五道梁、茫崖、刚察沙尘暴日数较多，年平均出现日数均为 10 天，而德令哈和共和的沙尘暴是所有站中最少的，年平均不到 5 天。扬沙天气除小灶火达到了年平均 25 天以外，茫崖、诺木洪和五道梁出现的天数也相当多。总的来说，五道梁、茫崖、刚察、小灶火、诺木洪 5 站出现沙尘天气比较多（表 6.5），而其余站较少，尤其是德令哈年平均沙尘日数只有 8 天。

从各站的沙尘天气年变化来看，基本上与大风的变化是一致的。

表 6.4　1960～2020 年青海省各气象站大风、沙尘暴、扬沙出现情况　（单位：天）

气象站	大风			沙尘暴			扬沙		
	最少出现日数	最多出现日数	平均日数	最少出现日数	最多出现日数	平均日数	最少出现日数	最多出现日数	平均日数
茫崖	11	163	68	0	22	10	2	50	19
冷湖	7	143	59	0	18	5	0	26	6
小灶火	2	73	26	0	26	9	1	64	25
德令哈	1	65	18	0	13	2	0	29	6
天峻	12	142	58	0	28	5	0	28	7
刚察	18	78	47	0	27	10	0	36	14
诺木洪	0	85	37	0	23	6	0	68	19
共和	18	63	37	0	18	3	0	30	8
五道梁	34	177	122	0	39	10	0	55	18
贵南	0	42	11	0	28	8	0	25	8

表 6.5　1960～2020 年青海省各气象站沙尘天气（沙尘暴＋扬沙）出现情况　（单位：天）

气象站	最少出现日数	最多出现日数	平均日数
茫崖	3	63	29
冷湖	2	29	11
小灶火	1	77	33
德令哈	0	38	8
天峻	0	44	12
刚察	0	57	24
诺木洪	1	78	24
共和	0	46	11
五道梁	1	67	28
贵南	0	51	15

6.2　低温

青藏高原冬季温度较低，尤其是在夜间。低温成为影响风电场安全运营的重要因素，较低的温度会影响风电机组出力特性的变化。这是因为，低温时空气密度增大，导致风电机组特别是失速型风电机组的额定出力增加，出现过载现象；同时也会引起风轮叶片产生空气弹性振动，导致叶片后缘结构失效而产生裂纹，因为叶片失速后气动阻尼会变为负值而结构阻尼会下降。对于风机正常运转的气候条件，不同机型对低温的要求也不尽相同，低温型风机最低气温不低于 -30℃，正常型风机最低气温不低于

−20℃，寒冷地区应采用抗低温机组。一般来说，风机在气温小于等于 −30℃时要求停机，停机后当气温大于 −20℃时才能开机。

　　在西藏自治区，从表 6.6 可见，尼玛、浪卡子两个气象站从未出现过小于等于 −30℃的极端最低气温；出现最多的是改则站，基本上 2 年中有 1 年出现；其次为错那、那曲、安多、狮泉河，3 年中有 1 年出现。班戈、申扎、定日站在这 60 年里也零星出现过小于等于 −30℃的极端最低气温。各气象站出现小于等于 −30℃极端最低气温的平均持续天数为 1.3 ～ 10.7 天，最长持续天数为 22 天。小于等于 −30℃极端最低气温平均 6 天左右的时间回升到 −25℃以上，平均 10 天左右回升到 −20℃以上，由于西藏高原冬季最低气温大多在 −20℃以下，所以那曲、班戈、安多、错那、狮泉河在个别年，极端最低气温回升到 −20℃以上，用了 1 个月以上的时间。表 6.7 是 1960 ～ 2020 年各气象站小于等于 −20℃和 −25℃极端最低气温出现情况，可看出各地区基本上每年冬季都会出现小于等于 −20℃的极端最低温度，最长持续日数为 4 ～ 55 天，平均持续日数为 1.4 ～ 3.0 天，其中那曲、改则、安多、狮泉河持续时间较长，那曲、班戈、改则、安多、狮泉河由于海拔较高，气温相对较低，基本上每年冬季也都会出现小于等于 −25℃的极端最低温度，而定日、尼玛、浪卡子等地，出现较低气温的情况相对较少。

表 6.6　1960 ～ 2020 年西藏自治区各气象站≤ −30℃极端最低气温出现情况

气象站	最早出现时间（日/月）	最晚出现时间（日/月）	最长持续时间/天	平均持续时间/天	出现概率/%	回升到 −25℃的时间（平均天数）/天	回升到 −20℃的时间（平均天数）/天	备注
定日	21/12	06/01	21	10.7	3	4 ～ 21 (12.3)	6 ～ 21 (14.3)	仅出现过 2 年，最晚一年出现在 2018 年
那曲	18/11	24/02	15	2.1	34	1 ～ 23 (4.6)	2 ～ 33 (9.5)	最晚一年出现在 2015 年
尼玛								未出现过
班戈	05/11	08/02	21	4.0	15	1 ～ 24 (5.1)	2 ～ 54 (12.7)	最晚一年出现在 1991 年
改则	28/11	08/02	21	2.5	44	1 ～ 29 (5.4)	1 ～ 29 (8.1)	最晚一年出现在 2015 年
申扎	06/01	10/01	2	1.3	7	1 ～ 5 (2.6)	3 ～ 14 (7.0)	出现过 3 年，最晚一年出现在 2015 年
安多	14/11	08/02	10	1.6	32	1 ～ 18 (6.0)	3 ～ 45 (13.4)	最晚一年出现在 2015 年
错那	02/12	22/02	6	1.6	37	1 ～ 13 (2.5)	1 ～ 31 (3.6)	最晚一年出现在 2013 年
狮泉河	27/11	18/02	22	3.1	32	1 ～ 41 (6.4)	2 ～ 42 (10.0)	最晚一年出现在 2019 年
浪卡子								未出现过

表 6.7　1960～2020 年西藏自治区各气象站≤ -20℃和≤ -25℃极端最低气温出现情况

气象站	≤ -20℃极端最低气温					≤ -25℃极端最低气温				
	最早出现时间（日/月）	最晚出现时间（日/月）	最长持续时间/天	平均持续时间/天	出现概率/%	最早出现时间（日/月）	最晚出现时间（日/月）	最长持续时间/天	平均持续时间/天	出现概率/%
定日	19/11	14/03	22	2.2	97	10/12	21/02	9	1.8	21
那曲	04/11	12/04	41	2.7	100	09/11	13/03	24	2.0	90
尼玛	18/12	13/03	4	1.5	100	20/01	24/01	2	1.5	17
班戈	04/11	31/03	55	2.1	100	05/11	13/03	24	2.3	79
改则	13/10	05/04	34	2.7	100	14/11	24/03	24	2.0	98
申扎	13/11	27/03	15	1.8	100	15/12	24/02	6	1.4	57
安多	26/10	01/04	48	2.7	100	06/11	02/03	15	1.8	98
错那	29/11	25/03	32	2.0	100	10/11	15/03	13	1.7	72
狮泉河	01/10	29/03	42	3.0	100	13/11	12/03	41	2.5	88
浪卡子	26/11	22/02	6	1.4	57	01/16	17/01	2	1	2

青海省各气象站之间小于等于 -30℃极端最低气温出现情况存在明显差异。从表 6.8 看出，诺木洪、共和、贵南三站从未出现过小于等于 -30℃极端最低气温，出现最多的是五道梁，基本上 3 年中有 2 年出现；其次为天峻，2 年中有 1 年出现；冷湖，4 年中有 1 年出现。茫崖、小灶火、刚察在这 60 年里也零星出现过小于等于 -30℃的极端最低气温。各站出现小于等于 -30℃极端最低气温的平均持续天数为 1.0～2.1 天，最长持续天数为 5 天。小于等于 -30℃极端最低气温最迟两周左右的时间回升到 -25℃以上，平均 10 天左右回升到 -20℃以上，由于青海冬季最低气温大多在 -20℃以下，所以五道梁、天峻、茫崖在个别年，极端最低气温回升到 -20℃以上，用了 1 个月以上的时间。表 6.9 是 1960～2020 年各气象站小于等于 -20℃和 -25℃极端最低气温出现情况，可看出各地区基本上每年冬季都会出现小于等于 -20℃的极端最低温度，最长持续日数在 11～60 天，平均持续日数在 2.0～4.7 天，其中五道梁、天峻、冷湖持续时间较长，五道梁、天峻由于海拔较高，气温相对较低，基本上每年冬季也都会出现小于等于 -25℃的极端最低温度，而诺木洪、共和等地，出现较低气温的情况相对较少。在全球气候变暖的背景下，青海省气温也明显升高，尤其最低气温升高明显，极端低温事件出现频率也在逐渐减小，各地出现小于等于 -20℃、-25℃和 -30℃的极端最低气温的天数均有不同程度的减少，持续时间也有明显的减少趋势。

表 6.8　1960～2020 年青海省各气象站≤ -30℃极端最低气温出现情况

气象站	最早出现时间（日/月）	最晚出现时间（日/月）	最长持续时间/天	平均持续时间/天	出现概率/%	回升到 -25℃的时间（平均天数）	回升到 -20℃的时间（平均天数）	备注
茫崖	08/12	12/02	5	2.1	8	1～14（5.4）	2～32（11.5）	仅 1960～1964 年出现
冷湖	11/12	28/02	5	1.5	30	1～10（4）	2～20（7.7）	最晚一年出现在 2012 年

气象站	最早出现时间（日/月）	最晚出现时间（日/月）	最长持续时间/天	平均持续时间/天	出现概率/%	回升到 -25℃的时间（平均天数）	回升到 -20℃的时间（平均天数）	备注
小灶火	15/12	13/01	1	1.0	3	4～5 (4.5)	12～13 (12.5)	仅出现两天，分别在1975年、1989年出现
德令哈	21/12	12/02	4	1.7	10	1～9 (4.8)	2～23 (8.4)	最晚一年出现在1971年
天峻	11/12	02/03	5	1.5	50	1～14 (3.5)	1～39 (11.7)	最晚一年出现在2008年
刚察	13/01	01/02	1	1.0	8	2～7 (4)	4～17 (11.8)	仅出现过5年，最晚一年出现在2002年
诺木洪								未出现过
共和								未出现过
五道梁	20/11	06/03	5	1.4	75	1～9 (3.4)	2～42 (13.0)	最晚一年出现在1989年
贵南								未出现过

表 6.9　1960～2020 年青海省各气象站≤ -20℃和≤ -25℃极端最低气温出现情况

气象站	≤ -20℃极端最低气温					≤ -25℃极端最低气温				
	最早出现时间（日/月）	最晚出现时间（日/月）	最长持续时间/天	平均持续时间/天	出现概率/%	最早出现时间（日/月）	最晚出现时间（日/月）	最长持续时间/天	平均持续时间/天	出现概率/%
茫崖	25/10	24/03	36	2.7	100	25/11	04/03	22	1.9	52
冷湖	01/11	27/03	37	3.1	100	17/11	13/03	14	1.8	97
小灶火	03/11	24/03	25	2.7	100	25/11	02/03	9	1.6	73
德令哈	13/11	24/03	39	2.3	96	25/11	17/02	22	2.1	45
天峻	28/10	04/04	51	3.3	100	14/11	25/03	23	1.9	93
刚察	03/11	25/03	22	2.7	100	29/11	25/02	9	1.7	85
诺木洪	29/11	25/02	11	2.0	97	13/12	30/01	2	1.4	22
共和	25/10	08/03	17	2.1	90	15/12	02/02	4	1.6	23
五道梁	13/10	03/05	60	4.7	100	05/11	02/04	15	2.0	100
贵南	16/11	15/03	24	2.4	100	11/12	08/02	6	1.7	60

6.3　雷暴

雷暴是危及风电场风机安全运营的另一重要因素。雷电释放的巨大能量会造成风电机组叶片损坏、发动机绝缘击穿、控制元器件烧毁等事故。在我国北方夏季，雷暴虽不及南方严重，但也会破坏风电机组，影响风机正常发电。

表 6.10 列出了出现过雷暴的气象站资料统计情况。可以发现，天峻、刚察、共和、五道梁、贵南的雷暴出现日数较多，年平均出现 39 天以上，而冷湖、小灶火、诺木洪

等地地处柴达木盆地，多沙漠戈壁，对流天气出现较少，雷暴年平均出现日数少于5天。

表 6.10　1960～2013 年各气象站雷暴出现情况　　　　　　（单位：天）

气象站	最少出现日数	最多出现日数	平均日数
茫崖	0	13	5
冷湖	0	8	2
小灶火	0	10	3
德令哈	2	35	19
天峻	25	67	40
刚察	27	77	52
诺木洪	0	13	4
共和	21	74	41
五道梁	16	62	39
贵南	23	65	40

第 7 章

结论与建议

本书是"第二次青藏高原综合科学考察研究"任务八专题四"清洁能源现状与远景评价"研究成果之一。通过对青藏高原风能资源开发利用、电网建设、清洁能源发展规划的调研以及对青藏高原典型地形地貌的实地踏勘，在分析常规地面和探空气象资料以及中国气象局全国风能资源专业观测网的测风塔观测资料基础上，开展了纳木错、山南市措美县哲古、珠穆朗玛峰和阿里地区日土县共 4 个典型地形的风特性声雷达观测实验以及青藏高原风能资源精细化数值模拟和风能资源技术开发量评估。最终，制作出青藏高原风能资源精细化时空分布图谱；分析得到青藏高原所有省、自治区辖区内的风能资源技术开发量以及青海省和西藏自治区各个地市的可利用风能资源等级和分布以及技术开发量；认清了青藏高原地形强迫作用下的风能资源形成机理；明确了青藏高原风能资源是丰富的这一科学认识。

7.1 青藏高原风能资源分布及储量

考虑到青藏高原海拔高度高，风电开发施工难度大，较平原地区建设成本高，因此，本着优先开发优质资源、提高经济效益的原则，不同于平原地区年平均风功率密度 $\geq 200\text{W/m}^2$ 的可开发条件，本书重点放在年平均风功率密度 $\geq 400\text{W/m}^2$ 的风能资源分布及储量。

青藏高原年平均风功率密度 $\geq 400\text{W/m}^2$ 的风能资源主要分布在沿昆仑山脉西段、可可西里山和冈底斯山地区，其次分布在唐古拉山、念青唐古拉山和横断山脉区，青海高原和祁连山地有零散分布的风能资源。青海省 100m 高度年平均风功率密度 $\geq 400\text{W/m}^2$ 的风能资源主要分布在玉树州西部和唐古拉山镇、青海湖周边、共和盆地，以及冷湖和茫崖地区。西藏自治区 100m 高度年平均风功率密度 $\geq 400\text{W/m}^2$ 的风能资源主要分布于阿里地区和那曲市的昆仑山地区，从阿里地区革吉县到日喀则市昂仁县的沿冈底斯山地区、纳木错周边以及山南市浪卡子和措美地区。

在只考虑年平均风功率密度 $\geq 400\text{W/m}^2$ 区域的前提下，通过 GIS 空间分析，剔除不可开发风电的区域，如坡度大于 30% 的陡峭山地、水体和城镇；考虑可部分用于开发风电的地区，如森林可利用面积为 20%、灌木 65%、草地 80%；之后，再根据现阶段主流风电机组的额定功率、叶轮直径及其适用的风速等级，计算单位面积的装机容量；最终，分析得到青藏高原各地市风能资源技术开发量。

青藏高原 100m 高度、年平均风功率密度 $\geq 400\text{W/m}^2$ 的风能资源技术开发总量为 10.2 亿 kW，占全国 100m 高度风能资源技术开发总量的 26%。对比全国其他风能资源丰富的省区，如内蒙古自治区占全国风能资源技术开发量的 37%、新疆维吾尔自治区占 12%、甘肃省占 5%，可以得到，青藏高原风能资源非常丰富、开发潜力巨大。此外，在青藏高原 100m 高度的 10.2 亿 kW 风能资源技术开发量中，非常丰富和丰富等级的风能资源技术开发量占比达 63%，说明青藏高原风能资源品质较高。

在青藏高原风能资源技术开发总量中，西藏自治区占 59%，青海省占 20%，新疆维吾尔自治区所属地区占 16%。在西藏自治区中，阿里地区风能资源技术开发量占全区总量的 51%，那曲市占 36%，日喀则市占 6%。在青海省中，玉树州风能资源技术开发量占全省总量的 43%，海西州（北部）占 30%，海南州和果洛州各占 8% 和 9%。海西州的柴达木盆地海拔较低，风电场建设条件好，因此，本书对海西州（北部）撤销年平均风功率密度 ≥ 400W/m² 的限制后计算得到，海西州（北部）100m 高度风能资源技术开发量增加 3100 万 kW。

7.2　青藏高原风能资源特性及形成机理

　　青藏高原风能资源最显著的特点是风速的日变化特征，其风速日变化规律与中国其他地区不同；而且风速变化快、变化幅度大。中国大部分有地形影响的地区是白天风速小、夜间风速大，而青藏高原的风速日变化规律是午后至前半夜风速大，下半夜至次日上午风速小。显著的风速日变化通常是山谷风环流造成的，山谷风环流是山上与山下之间的温差导致气压梯度力推动气流的运动。青藏高原的很多山峰上常年积雪，日出后，雪面反射太阳辐射，升温很慢；而在山下，地面吸收太阳辐射快速增温，与山顶温差不断加大，很容易在午后形成来自山顶的下坡风。日落后，山下地面在辐射冷却的作用下逐渐降温，与山顶温差逐渐缩小，风速下降。此外，在午后至前半夜的大风时段，地面至 300m 高度的风速廓线上下分布较均匀；而在后半夜至次日早晨的小风时段，在湍流的作用下，风廓线形状不是很有规律。由于青藏高原上分布着较多的大起伏高山和极高山，冷空气在气压梯度力和重力的作用下，可以形成较强的山风；但是，因为山顶积雪，难以出现温度明显高于山下的情况，从而不易形成较强的、具有翻越山顶能量的谷风，山风吹向宽谷或湖盆形成丰富的风能资源；吹向狭窄的河谷或沟壑时，气流在谷地或沟底汇聚后顺河道流出，在出口处也可以形成风能资源。

　　山谷风环流与天气尺度背景风场叠加产生加强效应，是形成青藏高原丰富的风能资源的根本原因。青藏高原的气压场及相应的流场具有冬、夏两种基本相反的形式，青藏高原上大起伏的高山和极高山的地形动力和热力效应比低海拔山地要强很多，因此，季风气候和主要山脉走向决定了青藏高原的风能资源特性。

　　冬季，青藏高原主体处于强劲的西风带中，西风气流受高原阻挡，在高原的西部的空分为南、北两个分支气流，分支气流在高原东部上空汇合。南支气流受青藏高原南缘的喜马拉雅山阻挡，在近地面层形成以西南风为主的爬流。近地面层西南风与高空南支气流配合，形成了冬季青藏高原上空深厚的西南气流。此外，青藏高原的山体上冬季积雪覆盖面积大，天空云量少、辐射强，在主要喜马拉雅山、冈底斯山、念青唐古拉山等主要山脉的北坡容易形成较强的山风，使高原低空的西南气流得到加强，从而形成了青藏高原冬季非常丰富的风能资源。

　　夏季，西风带北退，高原上空是西风气流与季风气流直接汇合形成的 500hPa 切变线。西风带北支气流经过天山山脉后向南折转，形成了青藏高原北缘的东北风急流，并翻越阿尔金山在青藏高原北部形成以偏北风为主的爬流；高原北部的偏北风与南部的偏南风在冈底斯山北侧交汇，在近地面层形成了一条横贯青藏高原的，与 500hPa 风场配合的气候辐合切变线。如此大范围南北动量交换,大大减弱了夏季青藏高原大气的水平运动。因此,青藏高原夏季风能资源明显较冬季减少。但是,柴达木盆地北部的冷湖地区却是夏季的风能资源丰富。因为西风带的北支气流经过天山山脉向南折转后,翻越了阿尔金山和祁连山,从阿尔金山与祁连山交界的山口进入柴达木盆地,形成了从山口向东南方向伸展的急流区,形成了 4 ~ 9 月冷湖地区丰富的风能资源。

7.3　青藏高原风能资源开发利用前景

　　青藏高原风能资源丰富,100m 高度、年平均风功率密度达 400W/m^2 以上的风能资源技术开发量占全国 100m 高度风能资源技术开发总量的 26%。如何将风能高效转化成电能,则依赖于风能利用技术的发展。为了说明青藏高原上风电转化效率,用酒泉瓜州和青海五道梁的 70m 高度测风数据,采用额定功率 2MW 的风电机组对应空气密度的出力曲线,分别计算出全年理论发电量。对比结果表明,虽然青海五道梁比酒泉瓜州海拔高 3500m,在年平均风功率密度相当的情况下,发电量也相当。这是因为青海五道梁的年平均风速比酒泉瓜州高 0.6m/s,从风电机组的出力曲线来看,风速越大,空气密度不同产生的发电量差异越小。由此证明,青藏高原可获得的风力发电量与相同条件下内蒙古地区的电量是相当的,青藏高原的风能并非"有气无力"。如果能像发展低风速风电利用技术一样,发展高原型风电机组,提高高原风力发电效率,那么青藏高原上可利用的风能资源会更多。

　　在认识青藏高原风能资源特性的基础上,因地制宜、多种形式利用风能资源,可以成为发展清洁能源电力的一个发展方向。青藏高原风能资源基本可以分为两类:一类是开阔湖盆、宽谷地区局地大气环流与天气尺度背景风场叠加形成的风能资源,可以建设风电场成规模地利用;另一类是河谷或沟谷地带,尤其是有村镇分布的河谷或沟谷,可以考虑采用小型风力发电机的分散利用形式。此外,青藏高原风能资源的日变化特征显著。风速较小时,在局地湍流作用下,风廓线形状变化无明显规律性;当午后风速迅速加大后,风廓线的垂直分布也很快变得比较均匀。因此,青藏高原风能资源的开发利用,不是风电机组的轮毂高度越高越好。

　　在当前实现"双碳"目标、大比例风电、光电并网的形势下,由于青藏高原具有午后至上半夜风速大、下半夜至次日上午风速小的特性,在青藏高原上建设清洁能源基地时,需根据风电和光电下午达到最大出力、而后半夜几乎没有出力的情况,合理配备储能,保证电网的安全运行。

　　青藏高原风能资源非常丰富,在探索出保证生态和气候环境可持续性发展的风能利用发展道路以后,有望成为我国实现"双碳"目标的重要支撑。

参 考 文 献

边多，黄晓清，扎西央宗，等．2019. 西藏气候变化监测公报．北京：气象出版社．

丁一汇．2013. 中国气候．北京：科学出版社．

韩振宇，高学杰，石英，等．2015. 中国高精度土地覆盖数据在 RegCM4/CLM 模式中的引入及其对区域气候模拟影响的分析．冰川冻土，37（4）：857-866.

宋善允，王鹏祥，等．2013. 西藏气候．北京：气象出版社．

施能，陈家其，屠其璞．1995. 中国近 100 年来 4 个年代际的气候变化特征．气象学报，53（4）：431-439.

孙鸿烈．2000. 中国资源科学百科全书．北京：石油大学出版社．

王晓茹，唐志光，王建，等．2019. 亚洲高山区融雪末期雪线高度空间差异的影响因素分析．冰川冻土，41（5）：1173-1182.

吴佳，高学杰．2013. 一套格点化的中国区域逐日观测资料及与其它资料的对比．地球物理学报，56（4）：1102-1111.

肖子牛，朱蓉，宋丽莉，等．2010. 中国风能资源评估（2009）．北京：气象出版社．

张镱锂，李炳元，郑度，等．2002. 论青藏高原范围与面积．地理研究，21（1）：1-8.

曾佩生，朱蓉，范广洲，等．2019. 京津冀地区低层大气环流的气候特征研究．气象，45（3）：381-394.

中国科学院，中国工程院，美国国家科学院，等．2012. 可再生能源发电——中美两国面临的机遇和挑战．北京：科学出版社．

中国可再生能源发展战略研究项目组．2008. 中国可再生能源发展战略研究丛书：风能卷．北京：中国电力出版社．

《中国气象百科全书》总编委会．2016. 中国气象百科全书·气象预报预测卷．北京：气象出版社．

中国气象局．2014. 全国风能资源详查和评价报告．北京：气象出版社．

中国气象局气候变化中心．2020. 中国气候变化蓝皮书．北京：科学出版社．

朱蓉，何晓凤，周荣卫，等．2010. 区域风能资源的数值模拟方法．风能，6: 50-54.

朱蓉，王阳，向洋，等．2021. 中国风能资源气候特征和开发潜力研究．太阳能学报，42（6）：409-418.

朱蓉，徐红，龚强，等．2022. 中国风能开发利用的风环境区划．太阳能学报，44（3）：67-76.

Allwine K J, Whiteman C D. 1985. MELSAR: A Mesoscale Air Quality Model for Complex Terrain: Volume 1-Overview, Technical Description and User's Guide. Richland: Pacific Northwest Laboratory.

Douglas S, Kessler R. 1988. User's guide to the diagnostic wind field model（Version 1.0）. San Rafael, USA: Systems Applications, Inc.

Emeis S. 2014. Wind speed and shear associated with low-level jets over Northern Germany. Meteorologische Zeitschrift, 23: 295-304.

Frank H P, Landberg L. 1997. Modeling the wind climate of Ireland. Bound -Layer Meteor, 85: 359-377.

Gao X J, Shi Y, Han Z Y, et al. 2017. Performance of RegCM4 over major river basins in China. Advances in Atmospheric Sciences, 34（4）：441-455.

Giorgi F, Coppola E, Solmon, F, et al. 2012. RegCM4: Model description and illustrative basic performance over selected CORDEX domains. Climate Research, 52（1）：7-29.

Greene J S, Mcnabb K, Zwilling R, et al. 2009. Analysis of vertical wind shear in the southern great Plains and potential impacts on estimation of wind energy production. International Journal of Global Energy

Issues, 32: 191-211.

Jiang Y, Luo Y, Zhao Z C. 2010. Changes in wind speed over China during 1956–2004. Theoretical and Applied Climatology, 99: 421-430.

Kaimal J C, Finnigan J J. 1994. Atmospheric Boundary Layer Flows. New York: Oxford University Press.

Fernando H J S, Mann J, Palmaj M L M, et al. 2019. The Perdigão: Peering into microscale details of mountain winds. Bulletin of the American Meteorological Society, 100(5): 799-819.

He X, Zhou S. 2022. An assessment of glacier inventories for the Third Pole Region. Frontiers in Earth Science, 10: 848007.

Liu C, Zhu L P, Wang J B, et al. 2021. In-situ water quality investigation of the lakes on the Tibetan Plateau. Science Bulletin, 66 (17): 1727-1730.

Liu M K, Yocke M A. 1980. Siting of wind turbine generators in complex terrain. Journal of Energy, 4: 10-16.

Lmpert A, Jimenez B B, Gross G, et al. 2016. One-year observations of the wind distribution and low-level jet occurrence at Braunschweig, North German Plain. Wind Energy, 19: 1807-1817.

Scheurich F, Enevoldsen P B, Paulsen H N, et al. 2016. Improving the accuracy of wind turbine power curve validation by the rotor equivalent wind speed concept. Journal of Physics: Conference Series, 753(7): 072029.

Schwartz M, Elliott D. 2004. Validation of updated state wind resource maps for the Unite States. Washington DC: National Renewable Energy Laboratory, NREL/CP-500-36200: 6.

Serafin S, Adler B, Cuxart J, et al. 2018. Exchange processes in the atmospheric boundary layer over mountainous terrain. Atmosphere, 9(3):102.

Tang Z, Wang X R, Deng G, et al. 2020. Spatiotemporal variation of snowline altitude at the end of melting season across High Mountain Asia, using MODIS snow cover product. Advances in Space Research, 66(11): 2629-2645.

Wagner R, Courtney M, Gottschall J, et al. 2011. Accounting for the speed shear in wind turbine power performance measurement. Wind Energy, 14(8): 993-1004.

Wagner R, Canadilla B, Clifton A, et al. 2014. Rotor equivalent wind speed for power curve measurement comparative exercise for IEA Wind Annex 32. Journal of Physics: Conference Series, 524(1): 012108.

Wimhurst J J, Greene J S. 2019. Oklahoma's future wind energy resources and their relationship with the Central Plains low-level jet. Renewable and Sustainable Energy Reviews, 115: 109374.

Wu J, Han Z Y, Yan Y P, et al. 2021. Future changes in wind energy potential over China using RegCM4 under RCP emission scenarios. Advances in Climate Change Research, 12(2021): 596-610.

Yu W, Benoit R, Girard C. 2006. Wind Energy Simulation Toolkit (WEST): A wind mapping system for use by the wind energy industry. Wind Engineering, 30: 15-33.

附录

科考日志

科考日志一

（2020 年 8 ~ 9 月）

日期	工作内容	停留地点
8 月 20 ~ 21 日	拉萨→纳木错：考察海拔 4730m 的中国科学院纳木错多圈层综合观测研究站。该站位于念青唐古拉山西北侧、纳木错东岸的开阔湖盆地带，山谷风环流和湖陆风环流特征显著，可确定为备选风特性观测点。经测量，确定了声雷达探测设备的放置地点，并落实了供电、设备看护以及必要时协助远程操作观测设备的技术保障。同时还考察了该站大气边界层气象观测以及附近的自动气象站观测情况	当雄
8 月 23 ~ 24 日	拉萨→定日县扎西宗乡：考察海拔 4276m 的中国科学院珠穆朗玛峰大气与环境综合观测研究站。该站位于喜马拉雅山北坡的 3 条沟谷交汇地，可以观测到沟谷中风速的变化规律；站址所处位置比较开阔，满足声雷达测风对环境的技术要求，确定为备选风特性观测点。经测量，确定了声雷达探测设备的放置地点，并落实了供电、设备看护以及必要时协助远程操作观测设备的技术保障。同时还考察了该站大气边界层气象观测以及附近的自动气象站观测情况	定日
8 月 25 ~ 26 日	定日→浪卡子：考察浪卡子县气象局气象站观测场开展声雷达测风的可行性。数值模拟结果表明浪卡子是山南地区风能资源最丰富的地区，但观测场位于县城，声雷达发射测量信号的声音可能会对附近居民产生影响；又考察了远离县城的人工影响天气基地的库房屋顶，但考虑观测设备与人影炮弹在一起存在安全隐患，最终放弃在此设立风特性观测。浪卡子气象站始建于 1961 年，是西藏最艰苦的台站之一，科考队员聆听了坚守该站 30 多年的普琼局长讲述浪卡子气象站的发展历程和观测技术的现代化进程，对艰苦台站气象工作者的敬意油然而生，获益匪浅	浪卡子
8 月 27 日	与西藏自治区气候中心进行交流。科考队介绍了第二次青藏高原综合科学考察研究任务中风能资源考察的意义、目标和工作内容；西藏自治区气候中心表示将在风特性观测保障和相关历史气象资料收集等方面全力配合科考队工作。科考队员还参观了气候预测与服务业务平台，了解了西藏气候中心在科研、业务与服务方面取得的成果	拉萨
9 月 23 ~ 24 日	拉萨→纳木错：在中国科学院纳木错多圈层综合观测研究站安装声雷达测风设备。在站上研究人员和周边藏民的帮助下，顺利完成声雷达设备的搬运和安装。经调试，24 日 9:00 以后观测设备运行稳定，持续监测到 23:50，观测数据质量符合要求	当雄

科考日志二

（2020 年 11 月）

日期	工作内容	停留地点
11 月 6 ~ 7 日	拉萨→纳木错→日喀则：设立在中国科学院纳木错多圈层综合观测研究站的声雷达测风实验结束，将声雷达观测设备停机并拆卸、整理装箱，交付运输公司运往中国科学院珠穆朗玛峰大气与环境综合观测研究站	当雄、日喀则
11 月 8 日	日喀则→吉隆：重点考察定日至聂拉木位于喜马拉雅山中段与拉轨岗日山之间的河谷地貌，以及佩枯错东、西两岸山地貌。风能资源数值模拟结果表明，上述两个区域具有以较丰富等级为主的可利用风能资源。通过考察初步认为，定日至聂拉木一线的喜马拉雅山北坡地形起伏大，风电开发难度大；佩枯错东岸的山包属于拉轨岗日山，海拔在 5000 ~ 5300m，山势起伏较小，有开发风电的可能性。但周边看不到牧民居住，如果在此设立声雷达测风实验装置，可能会遭到藏野驴等动物破坏，设备安全不能保障	吉隆
11 月 9 日	吉隆→定日扎西宗乡：前往中国科学院珠穆朗玛峰大气与环境综合观测研究站。接收从纳木错站运送过来的声雷达设备；在站上研究人员和周边藏民的帮助下，顺利完成声雷达设备的搬运，安排明日设备安装事宜，返回定日县城	定日
11 月 10 ~ 11 日	定日→扎西宗乡：前往中国科学院珠穆朗玛峰大气与环境综合观测研究站，顺利完成声雷达设备的安装。经调试，于 11 月 11 日 7:00 以后观测设备运行稳定，持续监测到 23:50，观测数据质量符合要求	定日

科考日志三

（2020 年 12 月～ 2021 年 2 月）

日期	工作内容	停留地点
12 月 28 ～ 31 日	狮泉河→日土：考察中国科学院阿里荒漠环境综合观测研究站。阿里站处于一个三面环山、约 10km×8km 小盆地的最南端，西、南和东方向都散布着属于冈底斯山的小起伏中山和低山；东北方向距离班公湖大约 10km，在此可以观测到冈底斯山与昆仑山之间的高原湖盆地区的风特性。随后，在该站研究人员和周边藏民的帮助下，顺利完成声雷达设备的搬运和安装。由于频繁遭遇停电，设备调试工作受到一定影响，31 日开始观测设备运行稳定，观测数据质量符合要求	日土
1 月 5 ～ 6 日	日喀则→定日扎西宗乡：设立在中国科学院珠穆朗玛峰大气与环境综合观测研究站的声雷达测风实验结束，将声雷达观测设备停机并拆卸、整理装箱，交付运输公司返回厂家	定日
2 月 26 ～ 27 日	噶尔→日土：设立在中国科学院阿里荒漠环境综合观测研究站的声雷达测风实验结束，将声雷达观测设备停机并拆卸、整理装箱，交付运输公司返回厂家	日土

科考日志四

（2021 年 5 月）

日期	工作内容	停留地点
5 月 17 日	西宁：与青海省气候中心交流。科考队介绍了第二次青藏高原科考任务中风能资源考察的意义、目标和工作内容；邀请青海省气候中心共同编写《青藏高原风能资源与开发潜力》并讨论了编写大纲。青海省气候中心介绍了他们为地方政府和企业开展的气候资源服务工作	西宁
5 月 18 日	西宁→共和县→西宁：考察共和县气象局和国家电投集团黄河上游水电开发有限责任公司，调研了"十四五"以海南州千万千瓦级新能源基地为基础的黄河上游清洁能源"风光水一体化"基地发展规划，参观了国家百兆瓦太阳能发电实证基地，可以看到光伏板下面的土地上牧草长势很好，一方面可能是光伏面板下土壤湿度有所增加，另一方面人为喷灌和冲洗光伏面板的水流到地面也增加了土壤的湿度。沿途还考察了瓦里关国家大气本底站，该站自 1994 年建站以来，风速变化总体呈上升趋势，大约每 10 年增加 0.11m/s	西宁
5 月 21 日	拉萨→日土：为了解决声雷达测风数据中遇到的问题，再次前往中国科学院阿里荒漠环境综合观测研究站。经过考察周边地理环境发现，站上观测场的正南方向正对着冈底斯山中两山之间的河谷，科考队到达时正值午后，碰上来自河谷的大风。山谷风环流使午后发起的山风吹到沟底后，顺着沟快速流动，形成沟壑出口区域的大风。大风主要在贴地层，因此声雷达探测到，起风阶段的风速垂直分布呈负切变，即底层风速大	日土
5 月 22 ～ 25 日	日土→札达→普兰：考察风电利用情况。札达县处于喜马拉雅山西段与冈底斯山的包围之中，山势近乎南北走向，与西风带南支气流基本一致，两侧山峰高出 2000m 以上，使札达县和普兰县处于一个气流"死水区"中。数值模拟结果表明，札达县年平均风速不足 4m/s，且风速垂直分布均匀；而普兰县的拉昂错、玛旁雍错和公珠错局地 80m 高度年平均风速可达 7m/s 以上。经考察发现，该地区的小型风力机的利用很普遍，移动通信基站和县城中随处可见几块光伏板和小型风力机组成的微型发电系统。走访几个乡政府和移动通信网点了解到，虽然被称为"光明天路"的国家电网已于 2020 年底通到阿里，但还有非常偏远的地方不能达到，而且目前电网运行还不稳定，停电时有发生，所以微型发电系统还在发挥很大作用。在普兰县的两天风速很大，尤其公珠错南侧与一座海拔 6000m 的无名山包相间的地带，在山谷风和湖陆风共同作用下，风速大到人都行走不便。因此，推断札达县虽然没有开发风电场的风能资源，但可以采用小型风力机的风能利用形式；普兰县除小型风力发电系统以外，还可以开展分散式风电开发。科考队后期将针对小型风电开发进一步深入开展研究	札达普兰
5 月 26 日	普兰→噶尔：考察狮泉河国家基准气候站。阿里地区气象局党组书记琼玛次仁给科考队详细介绍了台站发展历程和 1961 年建站以来积累的大量珍贵气象资料，科考队重点考察探空气象观测场地及周边环境，详细了解全自动探空气象观测过程，以便后期更好地使用阿里珍贵的探空气象资料。目前，狮泉河新建全自动探空观测系统的资料，已经进入全国综合气象信息共享平台（CIMISS）业务系统和中国气象数据网	噶尔

续表

日期	工作内容	停留地点
5 月 27 日	噶尔→拉萨：与西藏自治区气候中心讨论《青藏高原风能资源与开发潜力》的编写大纲，了解了西藏自治区气候中心关于沿雅鲁藏布江流域新能源开发和风力提水治沙的设想	拉萨

科考日志五

（2021 年 9 月）

日期	工作内容	停留地点
9 月 11 ～ 12 日	西宁→格尔木→大柴旦：①前往格尔木市气象局调研，重点考察探空气象观测场周边环境。科考队在分析格尔木探空气象资料时发现，50m 以下的测风数据大多数存在风速负切变且风向大于 90° 转向的现象。考察观测场周边环境后可以判断，周边约 10m 高的树木和 2 ～ 3 层高的楼房使观测场容易形成局地小尺度环流；考察发现探空气球释放后会就地盘旋半圈后再朝一个方向飞走。因此，格尔木 50m 以下的探空气象观测数据不宜使用。②考察锡铁山地区风电场。柴达木盆地东北部分布着众多属于祁连山系的西北 - 东南走向的小起伏中低山，柴达木盆地中的西北气流走到东部后，由于地形变得狭窄而发生汇集，流速加快，铁锡山地区的风能资源就是这样形成的。考察发现铁锡山地区的风电场很多，所属企业包括：龙源电力、金风科技、三峡新能源等。科考队走访了龙源新能源公司的怀英、非凡风电场和华润电力的全通畅风电场，风电场都采用的是高轮毂、长叶片的低风速机组；短期风电功率预测软件在风电场运营中起到重要作用	大柴旦 冷湖
9 月 13 ～ 15 日	冷湖→茫崖→格尔木：考察冷湖和茫崖地区的风电场。青藏高原上空的西风气流北支分量经绕过天山山脉后向南折转，从阿尔金山东段进入柴达木盆地，再与局地山谷风环流叠加，形成了冷湖和茫崖地区丰富的风能资源。科考队走访了位于冷湖镇以西的中广核新能源冷湖风电场、位于茫崖市以西的大唐国际茫崖风电场以及中国电建上海电力设计院正在施工建设中的青海丰茂能源发展有限公司茫崖 5 万 kW 风电项目，了解风电场建设规模、发电效率、风功率预测等基本情况，发现该地区风向较稳定，风速日变化规律性强，风电功率预测效果好。总体印象，随着低风速风电利用技术的发展，柴达木盆地已经建成了一个大规模低风速风电场，经济收益很好。因此，柴达木地区必将为我国"双碳"目标的实现做出突出贡献。此外，科考队还考察了茫崖市气象局探空气象观测场地及周边环境	茫崖 格尔木

科考日志六

（2021 年 10 ～ 11 月）

日期	工作内容	停留地点
10 月 19 ～ 22 日	成都→林芝→波密→墨脱→林芝→山南：①考察林芝北部地区是否可能具有局地性的可利用风能资源。林芝、波密和墨脱一线位于喜马拉雅山最东端，数值模拟结果表明，该地区具有年平均风功率密度 300 ～ 400W/m² 的二级风能资源。通过考察，认识到林芝北部地区山势陡峭、沟壑纵横、林地茂盛，天空云量多、空气湿度大，不易形成较强的山谷风环流，因此风能资源不丰富，也不具有安装风力发电机的有利条件，小范围开展风力发电的条件也不足。②考察了中国科学院藏东南高山环境综合观测研究站，该站包括大气物理、大气环境、冰川动态、湖泊动态、河流水文和生态系统六大观测研究方向，为全球变化条件下山地垂直带及其环境效应的研究提供了完善的基础数据。③走访了林芝气象局，了解到林芝地区实现 54 个乡镇自动气象站点全覆盖，整个林芝地区已建成布局和功能较为完善的气象灾害大气综合监测站网。科考队员还观看了 20 时的探空气象观测全过程，体会到了我们使用的气象数据中饱含着基层技术人员的辛勤汗水	波密 墨脱 林芝 山南

续表

日期	工作内容	停留地点
10 月 23 ～ 24 日	山南→哲古：考察即将并网运行的措美县哲古镇高原试验风电场，并选定声雷达观测实验点。①位于喜马拉雅山北麓的西藏山南市措美县哲古镇的世界海拔最高风电项目，全部 10 台机组刚刚吊装完成，机舱最高海拔达 5139.1m，总装机 22MW，包含 5 台单机容量为 2.2MW 的直驱机组，5 台单机容量为 2.2MW 的双馈机组，配套建设 1 座 110kV 升压站。该项目是我国超高海拔风电科研示范项目，为我国超高海拔风电项目开发提供了建设运行数据支撑，并推动风电行业在超高海拔区域的技术探索。②该风电场是一个典型的以冰川风（山风）为主的风场，现场勘查发现，风电场南侧上游经有一测风塔，为了研究喜马拉雅山北坡冰川风时空变化规律，决定将声雷达放在风电场下游正北方向 10km 以外，最后选定了一个平坦、开阔、距离哲古错约 2km 的地带	山南
11 月 4 ～ 5 日	山南→哲古：开展声雷达观测设备的安装和调试工作。在周边藏民的协助下，将雷达观测设备搬运至观测点位，之后顺利完成声雷达设备的安装和调试。监测表明，5 日全天设备运行平稳，观测数据质量符合要求	山南

科考日志七

（2022 年 3 月）

日期	工作内容	停留地点
3 月 12 ～ 13 日	拉萨→洛扎→拉康：考察山南市措美哲古风电场上风向喜马拉雅山东段的地形和积雪覆盖状况。冰川风是形成青藏高原风能资源形成的主要机制之一，哲古高原试验风电场区的风能资源就是典型的冰川风形成的。科考队在距哲古高原试验风电场上风向距离约 80km 的范围内进行了考察并发现，海拔 5000m 左右的高度上，夜间会有积雪覆盖，午间基本全部融化，大约 5500m 以上山体全天都是积雪覆盖，说明 3 月中旬喜马拉雅山北坡仍然具有较好的冰川风形成条件。此外，走访了洛扎县气象局，了解了洛扎县自动气象站分布情况，发现几个峡谷中气象站观测到的风向总是与沟壑方向一致，说明这一带山间峡谷中的气流不具有翻山的能量	洛扎 拉康
3 月 14 日	拉康→哲古→山南：中午到达措美哲古高原试验风电场区时，天空基本是满云的状态，风电场机舱风速显示 90m 高度风速 5 ～ 6m/s，远低于晴天时的发电量。这也说明措美哲古高原试验风电场的风能资源主要源于冰川风，需要足够的日照加热湖盆地面，使雪山与湖盆之间产生足够的温差，形成冰川风。10 台风电机组的东南方向 6 ～ 7km 处有一座 80m 高度测风塔，测风塔上设有 5 层测风设备正常运转。据中国三峡新能源公司西藏超高海拔风电项目经理介绍，此处准备建设哲古高原试验风电场二期，目前项目正在审批程序中。从现场考察和科考队声雷达探测数据来看，这片区域在喜马拉雅山冰川的作用下，风能资源条件好，加上平坦湖盆地形，具有较大的开发潜力	山南
3 月 20 ～ 21 日	山南→哲古：设立在哲古的声雷达测风实验结束，将声雷达观测设备停机并拆卸、整理装箱，交付运输公司返回厂家	哲古

附 图

附图 1 考察中国科学院珠穆朗玛大气与环境综合观测研究站

附图 2 考察狮泉河国家基准气候站

附图 3 考察中国科学院纳木错多圈层综合观测研究站

附图 4　考察浪卡子国家基准气候站

附图 5　考察瓦里关国家大气本底站

附图 6　考察中国科学院藏东南高山环境综合观测研究站

附图 7　考察中国三峡新能源措美哲古风电场

附图 8　考察龙源青海新能源锡铁山风电场

附图 9　考察金风科技华润锡铁山风电场

附图 10　考察中广核新能源冷湖风电场

附图 11　考察大唐国际茫崖风电场

附图 12　珠峰站风能资源特性观测实验的声雷达安装

附图 13　哲古风电场风能资源特性声雷达观测实验

附图 14　纳木错站风能资源特性观测实验的声雷达安装

附图 15　阿里地区普兰县冰川风形成的地形条件考察

附图 16　湖陆风导致的班公湖面大风